本书属于 2021 年度西北民族大学教育教学改革研究一般项目成果（编号：2021XJYBJG-30）

U0169527

3ds Max

三维模型设计与制作实用教程

张志腾◎主编

中国言实出版社

图书在版编目（CIP）数据

3ds Max 三维模型设计与制作实用教程 / 张志腾主编. — 北京：中国言实出版社，2022.7

ISBN 978-7-5171-4200-3

Ⅰ.①3… Ⅱ.①张… Ⅲ.①三维—动画—图形软件—教材 Ⅳ.①TP391.41

中国版本图书馆 CIP 数据核字 (2022) 第 106644 号

3ds Max 三维模型设计与制作实用教程

责任编辑：李　岩

责任校对：王建玲

出版发行：中国言实出版社

　　地　址：北京市朝阳区北苑路180号加利大厦5号楼105室

　　邮　编：100101

　　编辑部：北京市海淀区花园路6号院B座6层

　　邮　编：100088

　　电　话：010-64924853（总编室）　010-64924716（发行部）

　　网　址：www.zgyscbs.cn　电子邮箱：zgyscbs@263.net

经　　销：新华书店

印　　刷：河北万卷印刷有限公司

版　　次：2022年7月第1版　2024年1月第1次印刷

规　　格：787毫米×1092毫米　1/16　14.5印张

字　　数：285千字

定　　价：58.00元

书　　号：ISBN 978-7-5171-4200-3

3ds Max 前言

3ds Max 作为目前业界最主流的三维建模和动画制作软件，被广泛应用于数字媒体艺术与技术、环境艺术、虚拟交互设计、动画设计、游戏开发及广告设计等领域，同时也是高等院校设计类专业的专业必修课和实训类核心课程。该软件功能强大，扩展性及兼容性较好，操作简单，并能与前期平面类软件课程、后期交互类软件课程有效衔接配合使用。

本书根据数字媒体艺术、数字媒体技术、环境艺术等设计类专业的教学大纲，结合笔者多年来的三维图形创作类本科课程教学经验，以及多年来笔者的行业项目实践经验，选择目前最新的 3ds Max 2021 版本，系统、全面地讲解了模型设计的基本知识、制作方法及使用技巧。本书精心设计了主要章节及综合实例，循序渐进地讲解了如何使用 3ds Max 创建基础模型、高阶三维模型、材质和贴图设计、灯光设计、摄像机及渲染输出、综合案例实训设计等重要内容。

本书按照设计类学科培训的教学特点组织讲授内容，强调技术性、艺术性、综合性的有机结合。图文并茂、活泼生动，不仅注重知识体系的完整性，而且考虑学生的认知规律，适合作为高等院校相关专业 3ds Max 三维图形设计课程的教材，也可以作为自学者的参考用书。

由于编者水平有限，书中的不足之处在所难免，恳请专家及读者批评指正。

2022 年 1 月 15 日于兰州

3ds Max

目　录

第一章　3ds Max 三维模型设计基础

本章学习重点

· 了解 3ds Max 2021 的新增功能。

· 熟悉 3ds Max 2021 的工作界面。

· 掌握 3ds Max 2021 的常用工具。

· 掌握 3ds Max 2021 的基本操作。

1.1　3ds Max 三维模型设计概述

3ds Max 三维模型设计是指借助 3ds Max 三维可视化建模软件在三维虚拟场景空间中，对各种自然对象和人造对象进行三维模拟仿真表现。依据需要仿真设计的不同物体的形态，设计制作能够反映其特征的三维模型，从而设计出在形状、大小、质感、光感等诸多方面与真实对象仿真度极高的模型样本。另外，通过学习掌握 3ds Max 三维模型设计软件的各类功能，进一步培养立体空间思维能力和三维模型创作能力。

3ds Max 三维模型设计的知识与技能要求分为知道、理解、掌握、学会四个层次。这四个层次的含义表述如下：

知道——对 3ds Max 软件所涉及的基本概念的认知。

理解——对 3ds Max 软件所涉及的各类工具、原理、方法的领会。

掌握——能够运用已理解的基本概念、原理和方法，熟练掌握 3ds Max 三维模型设计中的建模、材质、灯光及渲染等多个核心模块的设计与制作流程。

学会——能够运用已掌握的 3ds Max 软件技能、知识，有计划地完成各类三维模型设计工作。

3ds Max 是目前业界最流行的三维模型设计与制作工具之一，具有涉及范围广，功能强大，容易操作的特点。3ds Max 软件是由 Autodesk 公司开发的一款智能化应用软件，是基于 PC 系统的三维动画渲染和制作软件，其图标如图 1-1-1 所示。该软件具有集成化的操作环境和图形化的界面窗口、工业级的 CG 制作功能。3ds Max 软件在模型塑造、场景交互、动画设计及影视后期特效等方面均保持着行业技术优势，这也使其在建筑设计、工业设计、影视动画、虚拟交互、游戏开发、环艺设计等领域中占据重要地位，成为业界公认的三维制作主流软件之一。

3ds Max 还具有良好的开放性和兼容性。世界上很多专业的技术公司为 3ds Max 软件设计各种插件，如 VRay、FinalRender、Brazil 等。 这些专业的第三方插件，使 3ds Max 功能更加强大，使我们更方便、快捷地制作出各种逼真的三维场景效果。

![AUTODESK 3DS MAX 2021]

图 1-1-1

1.2 3ds Max 2021 的新增功能

3ds Max2021 新版本增加了不少实用功能，比如新的 OSL 明暗器，新的 Substance2 贴图以及加权法线修改器等，可以帮助设计人员提高工作效率。

1.2.1 烘焙到纹理

3ds Max2021 新的【烘焙到纹理】工具，取代了旧版的【渲染到纹理】和【渲染表面贴图】工具，当照明或几何体信息烘焙到纹理贴图中时，能够兼顾性能与效率，简化工作流程。另外，支持 OSL 纹理贴图、混合长方体贴图以及 Mikk-T 法线贴图，以及支持更多地渲染器，比如 Arnold 等，如图 1-2-1 所示。

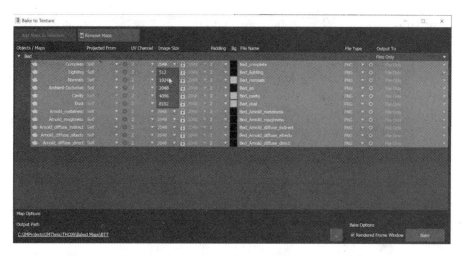

图 1-2-1

1.2.2　PBR 材质

3ds Max 2021 对软件的材质和渲染工具集进行了重大更改，新的 PBR 材质使灯光与曲面可以实现物理上真正意义上的准确交互，更好地支持了游戏和实时工作的 PBR工作流。两种类型的贴图"PBR 材质（金属 / 粗糙）"和"PBR 材质（高光反射 / 光泽）"可确保与任何实时引擎工作流兼容，如图 1-2-2 所示。

图 1-2-2

1.2.3　Arnold 渲染器作为默认渲染器

3ds Max 2021 将旧版默认渲染器换为 Arnold，提供更高级别的渲染体验，意味着它正式支持 GPU 渲染进行生产工作。Arnold GPU 需要兼容的 Nvidia GPU，并支持 CPU 引擎的大多数关键功能，如图 1-2-3 所示。

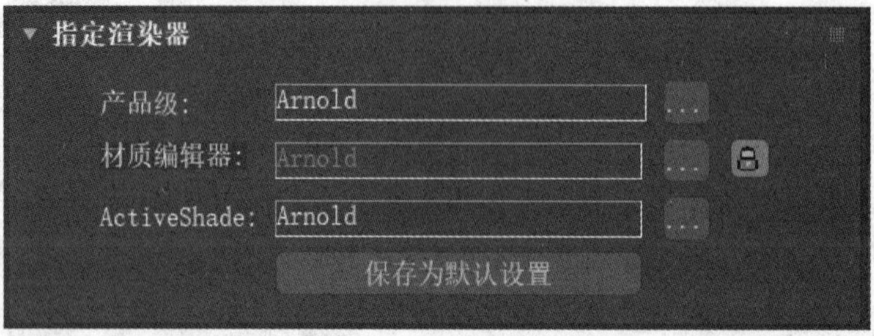

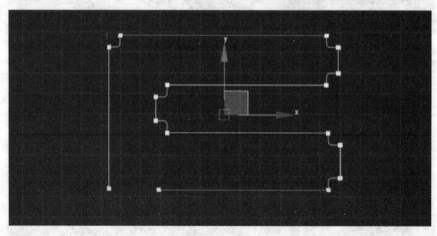

图 1-2-3

1.2.4　建模工具

【加权法线】修改器通过改变顶点法线使其与较大的平面多边形垂直，从而改进模型的明暗处理，能够更好、更快地为网格生成法线。用户可以通过设置平滑、混合和权重属性来调整输出，并可以选择根据模型的面的大小或角度对法线进行加权。【Spline Chamfer】修改器和【Smart Extrude】系统，拥有了更好的循环选择，如图 1-2-4 所示。【Smart Extrude】系统可以减少挤出几何体、自动删除共面或将它们缝合在一起时所需的手动修复工作量。同时，在物体子对象层级选择几何体的循环选择也得到了相应改进，即按住【Ctrl】的同时选择两个顶点或面来创建循环的选项。

图 1-2-4

1.2.5　新的 OSL 明暗器

3ds Max 2021 中引入的 OSL 着色器系统经过不断发展，推出了新的 OSL 明暗器。

4

OSL 明暗器还提供了用于颜色校正以及相机、对象和球形纹理投影的新着色器。其他新的着色器还包括 PBR Mixer 和 Wireframe，其创建的线框图像具有相对于图像大小的固定宽度。

1.2.6 改进视口设置

不仅可以将视口设置另存为预设，而且在视口中工作时，"环境光阻挡"（AO）始终可见。"渐进式天光"切换全阴影投射天光，启用时可提供准确的天光阴影，禁用时可减少内部场景中的视口闪烁问题。另外，提供了物理材质的粗糙度支持。

1.3 3ds Max 2021 的工作界面

安装好 3ds Max 2021 后，通过双击桌面上的快捷图标或者执行【开始】→【所有程序】→【Autodesk】→【Autodesk 3ds Max 2021】就可以启动软件。

启动 3ds Max 2021 后，3ds Max 2021 的工作视口显示为四视图，如图 1-3-1 所示，切换到单一视口显示，可以单击界面右下角的【最大化视口切换】或者快捷键 Alt+W。

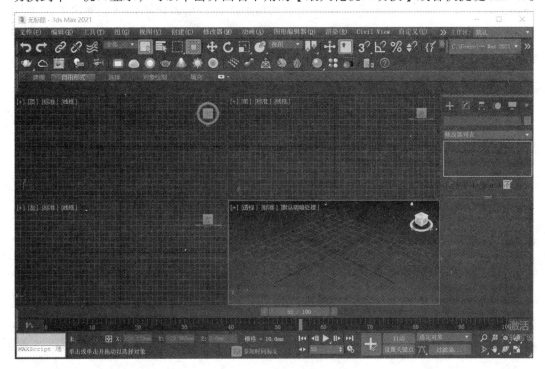

图 1-3-1

3ds Max 2021 的工作界面依然延续了以往版本的经典布局，分为【标题栏】、【菜单栏】、【主工具栏】、【视口区域】、【视口布局选项卡】、【建模工具选项卡】、【命令面板】、【时间尺】、【状态栏】、【时间控制按钮】、【视口导航控制按钮】十一个部分。默认状态下的【主工具栏】和【命令】面板分别位于界面的上方和右侧，我们可以根据自己的习惯，通过拖曳的方式将其移动到视图的其他位置。

1.3.1 标题栏

3ds Max 2021 的【标题栏】位于软件界面的正上方，用于显示当前编辑的文件名称和当前软件的版本信息，右侧包括最小化、最大化和关闭三个操作按钮。

1.3.2 菜单栏

【菜单栏】位于工作界面的顶端，包含【文件】、【编辑】、【工具】、【组】、【视图】、【创建】、【修改器】、【动画】、【图形编辑器】、【渲染】、【自定义】、【Civil Vie】和【帮助】13 个主菜单。

1.3.3 主工具栏

【主工具栏】中集合了平时最常用的编辑工具，是常用操作工具的图标形式，位于界面上方。某些编辑工具的右下角有一个三角形图标，单击该图标就会弹出下拉工具列表。按快捷键 Alt+6 可以隐藏【主工具栏】，再次按快捷键 Alt+6 可以显示【主工具栏】。

1.3.4 视口区域

【视口区域】是软件操作界面中的核心区域，默认状态下为四视图显示，包括顶视图、左视图、前视图和透视图 4 个视图。在这些视图中可以从不同的角度对场景中的对象进行观察和编辑。每个视图的左上角都会显示视图的名称以及模型的显示方式。

常用的几种视图都有其相对应的快捷键，顶视图的快捷键是 T 键、底视图的快捷键是 B 键、左视图的快捷键是 L 键、前视图的快捷键是 F 键、透视图的快捷键是 P 键、摄影机视图的快捷键是 C 键。

1.3.5 视口布局选项卡

【视口布局选项卡】位于操作界面的左侧，用于快速调整视口的布局，单击【创建新的视口布局选项卡】按钮，在弹出的【标准视口布局】面板中可以选择 3ds Max2021 预设的标准。

1.3.6 建模工具选项卡

【建模工具选项卡】在默认情况下，会自动出现在操作界面中，位于【主工具栏】的下方。【建模工具】选项卡包含【建模】、【自由形式】、【选择】、【对象绘制】和【填充】5 大选项卡，其中每个选项卡下都包含许多工具。该选项卡是 PolyBoost 建模工具与 3ds Max 软件的有机融合，其工具摆放的灵活性与布局的科学性大大方便了多边形建模的流程。

1.3.7　命令面板

【命令面板】是进行软件操作的主要工作板块，场景对象的操作都可以在命令面板中完成。命令面板由 6 个用户界面面板组成，分别是【创建面板】、【修改面板】、【层次面板】、【运动面板】、【显示面板】、【实用程序面板】，如图 1-3-2、1-3-3、1-3-4所示。

图 1-3-2　　　　图 1-3-3　　　　图 1-3-4

【创建面板】　包括所有创建对象的工具。
【修改面板】　包括各类修改器和编辑工具。
【层次面板】　包括链接和反向运动学参数。
【运动面板】　包括动画控制器和轨迹。
【显示面板】　包括对象显示、隐藏、冻结等控制工具。
【实用程序面板】　包括辅助性的工具。

1.3.8　时间尺

【时间尺】包括时间线滑块和轨迹栏两大部分。时间线滑块位于视图的最下方，主要用于制定帧，默认的帧数为 100 帧，具体数值可以根据动画长度来进行修改。拖曳时间线滑块可以在帧之间迅速移动，单击时间线滑块左右的向左箭头图标与向右箭头图标可以向前或者向后移动一帧。轨迹栏位于时间线滑块的下方，主要用于显示帧数和选定对象的关键点，在这里可以移动、复制、删除关键点以及更改关键点的属性。

1.3.9 状态栏

【状态栏】位于轨迹栏的下方，它提供了选定对象的数目、类型、变换值和栅格数目等信息，并且状态栏可以基于当前光标位置和当前活动程序来提供动态反馈信息。

1.3.10 时间控制按钮

【时间控制按钮】位于状态栏的右侧，这些按钮主要用来控制动画的播放效果，包括关键点控制和时间控制等。

1.3.11 视口导航控制按钮

【视口导航控制按钮】在屏幕右下角，在状态栏的最右侧，主要用来控制视图的显示和导航。使用这些按钮可以缩放、平移和旋转活动的视图，改变视图中对象的观察效果，但并不改变视图中对象本身的大小及结构，如图1-3-5所示。

图 1-3-5

1.4 对象的创建及编辑

在3ds Max2021中，创建对象的方法多种多样，不仅可以使用创建面板中提供的基础对象，并结合编辑修改器直接创建，还可以通过复合对象、多边形、面片或NURBS建模方法来创建所需要的场景对象。

1.4.1 创建对象

在【创建面板】中可以创建【几何体】、【图形】、【灯光】、【摄影机】、【辅助对象】、【空间扭曲】、【工具】这七类基本对象。在每一种基本对象下还有子菜单，包括各类常用的相关工具，如图1-4-1所示，在【图形】子菜单中，包含了常用的各类二维图形工具，如图1-4-2所示，在【灯光】子菜单中，包含了常用的几类灯光。

图 1-4-1　　　图 1-4-2

对象创建完成后，可以在创建命令面板的参数卷展栏中改变该对象的相关参数和颜色。进入修改命令面板中的修改器列表，根据目标需要，找到相关修改器并调整其参数，通过多个命令配合使用，从而达到最终效果。如图 1-4-3 所示，在该【修改器列表】下方的列表框中，可以清晰地查看使用过的修改器。

图 1-4-3

1.4.2　选择对象

在对一个对象进行操作之前必须选择该对象。选择对象的方法有直接选择、按区域选择、按名称选择、选择并变化工具选择、选择集名称选择、选择过滤器选择 6 种，在不同的情况下可以使用不同的选择方法，如图 1-4-4 所示。

9

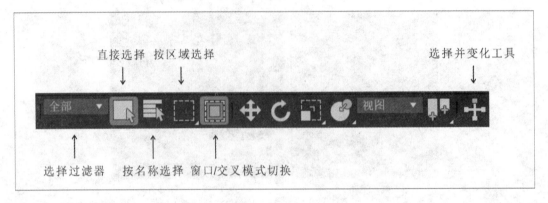

图 1-4-4

（1）直接选择

单击主工具栏上的直接选择工具按钮，然后在场景中单击要选择的对象。在选择对象的同时按住键盘上的 Ctrl 键，则可以加选对象。如果在选择对象的同时按住键盘上的 Alt 键，则可以减选对象。如果选择了多个对象并希望这些对象一直被选中，可以按键盘上的空格键进行锁定。

（2）按区域选择

区域选择有窗口和交叉两种模式，由窗口/交叉模式切换按钮来切换。在窗口模式下，完全位于选择区域内的对象被选中；在交叉模式下，选择区域内或与区域边界相接触的对象都被选中。

区域选择的方法：单击主工具栏上的区域选择工具按钮，使用鼠标在场景中拖出一个矩形虚线区域，将特定对象包含在内，释放鼠标按键后，该区域内的对象都被选中。长按区域选择工具可以切换选择区域类型。

（3）按名称选择

当场景中的对象数量较多时，可以通过对象名称属性来选择对象。单击主工具栏上的按名称选择工具按钮，在打开的对话框的对象列表中单击要选择的对象名称，单击【确定】按钮，如图 1-3-5 所示。

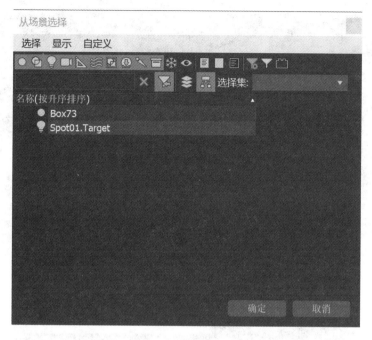

图 1-3-5

（4）选择并变化工具选择

可以利用主工具栏上的选择并移动、选择并旋转、选择并缩放等变换工具选择对象。

（5）选择集名称选择

创建选择集的方法是：在场景中选择几个对象，单击主工具栏上的编辑命令选择集按钮，在【命名选择集】对话框的文本框中输入选择集的名称，按回车键结束。单击主工具栏上的选择创意集按钮，在下拉列表中单击选择集名称，即可选定选择集中的所有对象。

（6）选择过滤器选择

使用选择过滤器可按不同类型选择对象，在选择过滤器下拉列表中包括各种可以使用的选择过滤器。

1.4.3　对象的显示设置

对象物体的显示主要以【实体】、【线框】、【实体＋线框】以及【透明】四种方式为主。【实体】显示、【线框】显示、【实体＋线框】显示这三种方式可以通过视图左上角的【真实】标签下拉菜单切换，如图 1-4-6、1-4-7、1-4-8 所示。

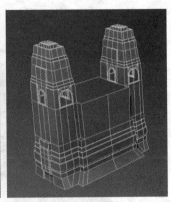

图 1-4-6   图 1-4-7   图 1-4-8

透明显示模式需要点击对象物体，鼠标右击，在弹出的快捷菜单中选择【对象属性】命令，在【对象属性】对话框中勾选【透明】复选框，单击【确定】按钮，完成操作，对象就会透明显示，如图 1-4-9 所示。

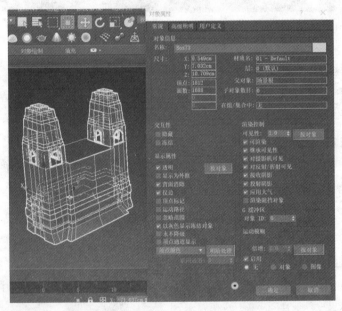

图 1-4-9

对象的隐藏与冻结命令也是必须掌握的，因为如果视图中有多个对象，一部分对象已经编辑完毕，视图中物体数量繁多，编辑过程中后续的命令操作会影响已经编辑好的对象，也会干扰用户的视觉，所以隐藏或冻结已经编辑好的对象是十分必要的。在需要隐藏或冻结的对象上右击，在弹出的快捷菜单中选择【冻结】命令。被冻结的对象在视图中呈现为灰色，不能被选择，不可以编辑，但能被渲染，如图 1-4-10 所示。被隐藏的对象在视图中看不见，不能被选择，不可以编辑，不能被渲染。

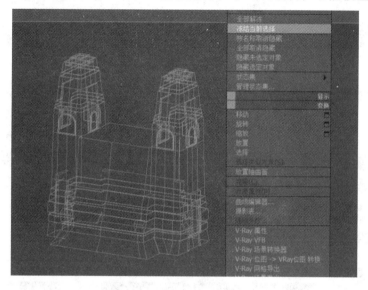

图 1-4-10

1.4.4 对象群组

在制作模型过程中，经常需要将多个不同对象组合起来，以便实现统一操作，被组合在一起的对象称为组。组也是一个对象，包含在其中的对象都被称为该组的成员。对组可以执行【创建组】、【解组】、【打开】、【关闭】、【添加成员】、【从组中分离成员】、【炸开组中成员】等操作，其相关操作命令都集中在【组】菜单中。此外，一个群组中还可以包含另一个群组，如图 1-4-11 所示。

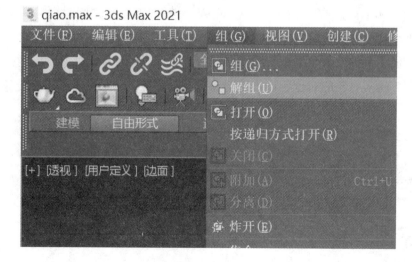

图 1-4-11

1.4.5　对象的变换

（1）移动对象

使用主工具栏上的选择并移动工具，可以使选中对象沿任何一个坐标轴或坐标平面移动。

（2）旋转对象

使用主工具栏上的选择并旋转工具，可以使选中对象沿任何一个坐标轴或坐标平面移动或者以一个点为中心旋转。

（3）缩放对象

使用主工具栏上的选择并缩放工具，可以使选中对象按比例改变大小。缩放有 3 种方式，分别是均匀缩放、非均匀缩放和挤压缩放。如图 1-4-12 所示。

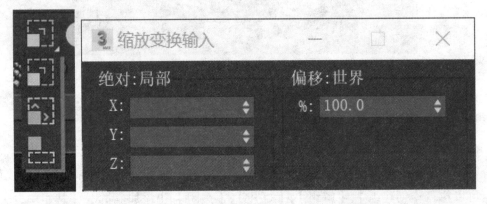

图 1-4-12　　　　　　　　　　　　图 1-4-13

均匀缩放可使选定对象在两个轴向上等比例缩放；非均匀缩放可使对象在两个轴向上缩放的比例不同；挤压缩放可使对象在一个轴向上缩小，同时在另一个轴向上放大。在主工具栏的选择并缩放工具上右击，在快捷菜单中选择【缩放变换输入】命令，会弹出【缩放变换输入】对话框，如图 1-4-13 所示，左侧为绝对缩放比例，右侧为偏移缩放比例，输入对象的新比例后，该对象将自动缩放。

（4）对象的选择变换中心

所有的变换都是基于一个中心点进行的，分别是基准点中心、选择集中心和变换坐标中心对象的选择变换。对于一个或多个对象，可以基于其选择变换中心对其进行旋转或缩放，如图 1-4-14 所示。

图 1-4-14

（5）对象变化工具综合应用

①创建一个三维茶壶和一个二维圆环，如图 1-4-15 所示，放置到合适位置，并且使用【选择并均匀缩放】按钮，对该物体进行成比例缩放，缩放至合适大小。

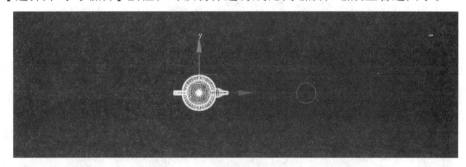

图 1-4-15

②点选茶壶，点选主工具栏中的【旋转】按钮，在旁边的【参考坐标系】中选择【拾取】选项，如图 1-4-16 所示。

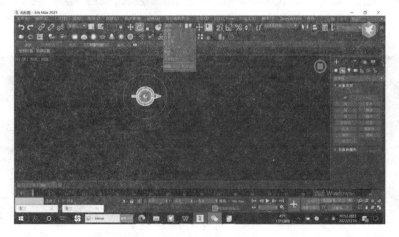

图 1-4-16

③拾取顶视图中的圆环，点选旁边的【使用变换坐标中心】按钮，此时茶壶的轴点中心就是二维圆环，如图 1-4-17 所示。

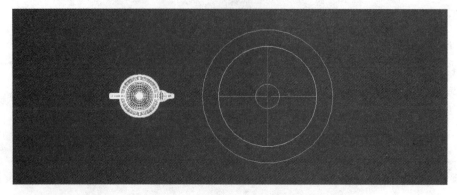

图 1-4-17

④再次点选【旋转】按钮，左键激活【角度捕捉切换】按钮，右键点击弹出如图 1-4-18 的【栅格与捕捉设置】界面对话框，将【选项】中的【角度】设置为 5 度，按住 shift 键，复制数量为 7。最终得到如图 1-4-19 所示的整体造型。

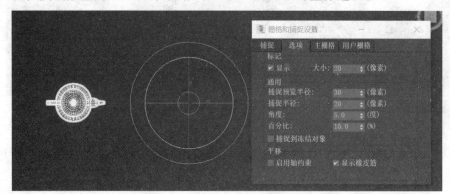

图 1-4-18

图 1-4-19

1.4.6　对象的复制

对象的复制一般是通过菜单命令或者键盘快捷键实现的。

（1）克隆

点选物体后，按住 Shift 的同时，移动鼠标进行位移操作，弹出【克隆选项】对话框，如图 1-4-20 所示。

移动工具是移动复制，Shift+ 旋转工具是旋转复制，Shift+ 缩放工具是缩放复制。

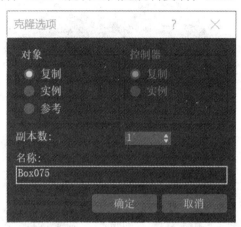

图 1-4-20

克隆的方法有 3 种，分别是复制、实例和参考。

【复制】　复制的副本对象与母本对象之间没有任何关系，副本仅仅是参考母本对象而已。

【实例】　实例的副本对象与母本对象有关联关系，当修改任何一个对象时，凡有关联关系的对象都会随之改变。

【参考】　参考的副本对象具有自己的编辑修改器，当修改母本对象时会影响副本对象，当修改副本对象时不影响母本对象。

（2）镜像

镜像主要用于结构对称的对象的复制。制作这类模型时，可以先制作对象的一半，然后再使用镜像生成另一半。实现镜像功能的【镜像：世界坐标】对话框如图 1-4-21 所示。

图 1-4-21

该对话框包括【镜像轴】和【克隆当前选择】两个选项。在【镜像轴】选项中，X、Y、Z 是 3 个对称轴，XY、YZ、ZX 表示 3 个对称平面 XOY、YOZ、ZOX。

（3）间隔

间隔工具用于沿着指定曲线复制对象物体。

①首先绘制一条空间曲线和需要复制的对象，选择需要复制的对象，执行【工具】→【对齐】→【间隔工具】菜单命令，会弹出【间隔工具】对话框，如图 1-4-22 所示。

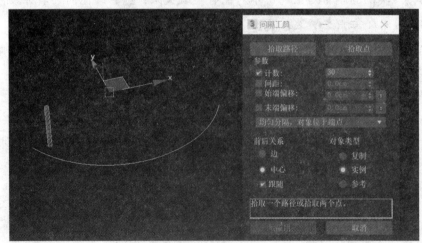

图 1-4-22

②单击【拾取路径】按钮，在场景中拾取曲线，然后在【计数】文本框中输入复制的个数，将前后关系中的【跟随】勾选，使对象物体适配空间曲线，最后单击【应用】按钮，完成间隔操作，如图 1-4-23 所示。

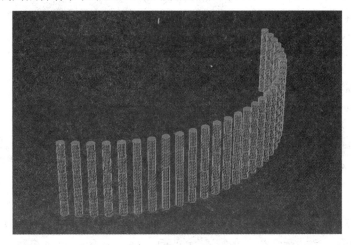

图 1-4-23

1.4.7　文件操作

（1）保存

按【Ctrl+S】组合键或者执行【文件】菜单→【保存】命令，弹出文件存储界面，选择存储位置和文件名。3ds Max 存储文件格式为【.max】，如图 1-4-24 所示。

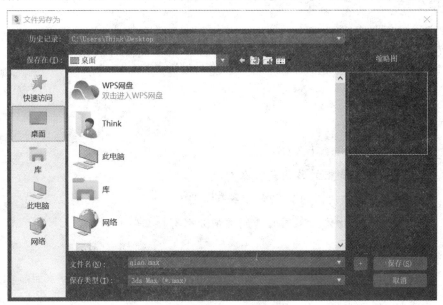

图 1-4-24

（2）重置

通过重置操作，可以将当前视图界面恢复到软件刚刚启动时的界面和状态，将视图显示和比例还原，方便创建物体时各个视图之间的显示比例保持一致。

执行【文件】菜单→【重置】命令，弹出重置界面提示，选择存储文件或取消等操作。

（3）合并

在进行项目的过程中，往往要将制作好的不同场景模型，合并在一个主要场景中。执行【文件】菜单→【导入】→【合并】命令，在弹出的界面中，选择【.max】文件，单击打开按钮，选择要导入的模型，选择合并模型的相关信息选项，完成模型合并。

1.4.8 文件归档

在使用 3ds Max 软件制作各类场景时，场景中用到的模型材质、贴图、灯光、声音等内容，在复制或通过网络渲染时，需要将其进行归档处理，方便将当前文件所用到的所有资源统一打包，以免丢失，保证模型文件在其他计算机中打开或访问时，文件内容完整无误。

先将文件保存，再执行【文件】菜单–【归档】命令，弹出【归档】对话框。

单击【保存】按钮后，弹出写入文件命令对话框，需要等待对话框关闭后完成归档操作。

本章小结

本章内容是 3ds Max 的基础知识，只有掌握了三维坐标、工作视图、对象复制、对象变化等相关知识，才能为以后的操作打下良好的基础。

思考与练习

1. 工作视图的作用是什么？

2. 什么是栅格？栅格的作用是什么？

3. 3ds Max2021 中使用的变化坐标系有哪些？

4. 如何复制一个物体？不同的复制类型分别有什么特点？

第二章　基础模型设计

本章学习重点

· 了解三维基础建模的相关概念。

· 掌握内置模型的常用建模方法，包括挤出、倒角、倒角剖面、车削、放样等。

· 掌握复合对象的建模方法。

· 掌握二维图形的建模方法。

基础建模是指利用 3ds Max2021 软件所提供的内置标准几何体、扩展几何体等模型样本，构筑模型三维基本体面关系，同时结合挤出、倒角、车削、放样、复合对象等常规修改器命令，建立较复杂的三维模型样本。

2.1　标准几何体

3ds Max2021 提供了多种常用的内置基本模型，可以快速地在场景中创建三维几何体。基本体分为标准基本体和扩展基本体，用户只需要选择基本体的类型，然后在场景中拖动就可以创建相应的几何对象，随后进入修改命令面板，编辑基本体的各项常规参数。标准基本体是 3ds Max2021 中自带的标准模型，标准基本体包含了 10 种对象类型，分别是长方形、圆锥体、球体、几何球体、圆柱体、管状体、圆环、四棱锥、茶壶以及平面，如图 2-1-1。

图 2-1-1

标准几何体内的各种对象创建方法基本相似，下面以长方形和管状体为例，介绍如何创建基本几何体。

2.1.1　案例 1　标准长方形模型

①单击【创建】命令面板中的【几何体】按钮，单击【对象类型】中的【长方形】，在前视图单击并拖曳鼠标，定义长方体的长度与宽度，再上下移动鼠标定义长方体的高度，最后单击鼠标左键即可完成创建工作，如图 2-1-2 所示。

图 2-1-2

②在【参数】卷展栏中，可以设置长方形的长度、宽度和高度，如图 2-1-3 所示。还可以设置长度、宽度和高度的分段数，增加模型片面数，优化模型，如图 2-1-4 所示。

图 2-1-3

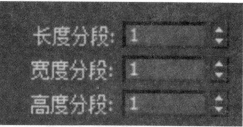

图 2-1-4

2.1.2　案例 2　管状物模型

① 单击【创建】命令面板中的【几何体】按钮，单击【对象类型】中的【管状物】，在前视图单击并拖曳鼠标，定义第一个半径，它既可以是管状物的内半径，也可以是外半径。释放鼠标可设置第一个半径，移动鼠标可以设置第二个半径，然后单击鼠标确定。再上下移动鼠标定义高度，正数或负数均可，最后单击鼠标，即可创建出如图 2-1-5 所示的图形。

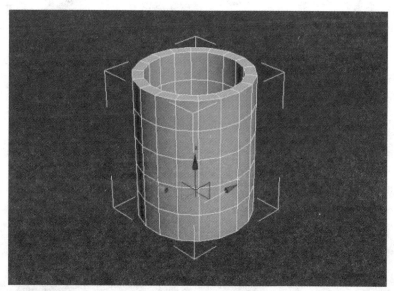

图 2-1-5

② 在创建【管状体】时，【创建方法】卷展栏中有两种方式：【边】以边定位来绘制管状物，通过移动鼠标可以改变中心位置。【中心】以中心为基准绘制管状体。如图 2-1-6 所示。

图 2-1-6

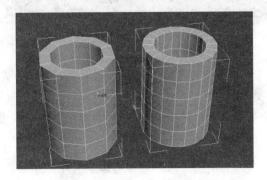

图 2-1-7

③【管状体】有三个细分参数:【高度分段】,设置管状体主轴的分段数量;【端面分段】,设置管状体顶部和底部圆中心的同心分段数量;【边数】,设置管状物周围的边数。这些值越高,模型越精细,但会占用更多内存和资源。所以并不是越大越好,要根据具体情况设置,如图 2-1-7 所示。

④【管状体】的【切片】复选框用于删除一部分管状体的周长,默认设置为禁用状态。【切片起始位置】和【切片结束位置】参数设置切片表面从 X 轴的零点开始围绕 Z 轴的度数,一般制作过程中,【切片起始位置】设置为 0,而【切片结束位置】设置度数一般为 0-360 度之内,如图 2-1-8、2-1-9 所示。

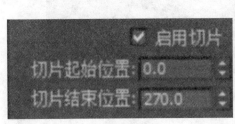

图 2-1-8

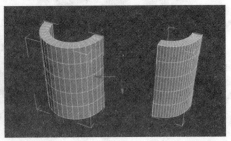

图 2-1-9

2.2 扩展几何体

扩展基本体共有十三种,分别是异面体、环形结、切角长方体、切角圆柱体、油罐、胶囊、纺锤、L-Ext、C-Ext、球棱柱、环形波、软管、棱柱，如图 2-1 所示。

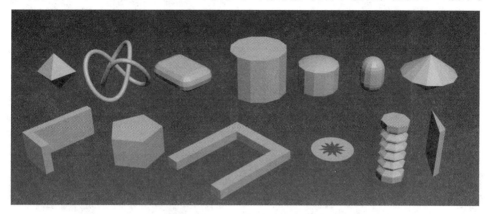

图 2-2-1

2.2.1 案例 1 切角长方形模型

单击【创建】命令面板中的【扩展基本体】按钮，单击【对象类型】中的【切角长方体】，在前视图单击并拖曳鼠标，定义长方体的长度与宽度尺寸，再上下移动鼠标定义长方体的高度，在【参数】卷展栏中，设置长方形的圆角值和分段数，如图 2-2-2、2-2-3 所示。

图 2-2-2   图 2-2-3

2.3 二维图形

二维图形主要有节点、线段和样条线三个次对象组成，通过访问和编辑次对象，可以灵活方便地编辑各类二维图形。通常使用【编辑样条线】修改器来编辑二维图形，单击命令面板【修改】按钮，可以对二维图形的 3 个子对象（顶点、线段和样条线）进行编辑操作，通过顶点调整形状和位置，最终形成一个完整的二维图形。另外，转换后的可编辑样条线的每一级子对象都可以进行相应的编辑设置，如图 2-3-1 所示。

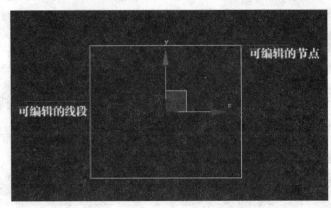

图 2-3-1

2.3.1 节点类型

顶点的类型主要有四类：

Bezier 角点式节点：带有不连续的切线控制柄的不可调节的顶点，用于创建锐角转角，如图 2-3-2 所示。

Bezier 式节点：带有锁定连续切线控制柄的不可调节的顶点，用于创建平滑曲线，如图 2-3-3 所示。

角点式节点：创建锐角转角的不可调整的顶点，如图 2-3-4 所示。

平滑式节点：创建平滑连续曲线的不可调和的顶点，如图 2-3-5 所示。

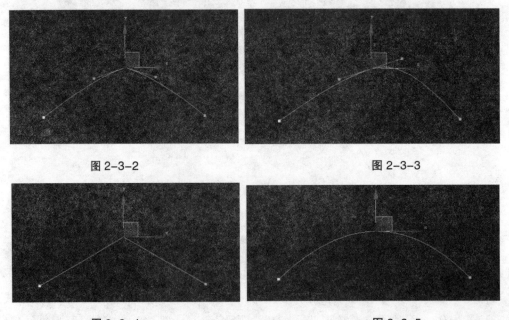

图 2-3-2   图 2-3-3

图 2-3-4   图 2-3-5

单击命令面板中的【创建】按钮，单击漆面板下的【图形】按钮，在其【对象类别】卷展栏中有 13 种标准的二维图形，如图 2-3-6 所示。

图 2-3-6

【线】　单击该按钮可创建多个分段组成的自由样条线。

【矩形】　单击该按钮可创建方形和矩形封闭线框，创建时按 ctrl 键还可以创建出正方形。

【圆】　单击该按钮可创建出闭合圆形样条线。

【椭圆】　单击该按钮可创建椭圆形和圆形样条线。

【弧】　单击该按钮可创建由四个顶点组成的打开弧形和五个顶点组成的闭合扇形。勾选【参数】卷展栏下的【饼形切片】复选框则可以创建出闭合扇形。

【圆环】　单击该按钮可创建由四个顶点组成的两个同心圆组成的闭合图形。

【多边形】　单击该按钮可创建具有任何顶点数正多边形和圆形闭合图形。

【星形】　单击该按钮可创建具有不同顶点的星形闭合图形。

【文本】　单击该按钮可创建不同字体和大小的闭合文本图形。

【截面】　可创建三维物体的横截面图形。

2.3.2　案例 1　高脚杯模型

利用【线】命令可以创建各种形状的二维图形，再通过各种修改命令（比如车削）

修改命令将其转为三维图形。下面通过【线】命令创建一个高脚杯造型。

①单击【创建】命令面板中的【线】按钮，在前视图中绘制出如图 2-3-7 所示。

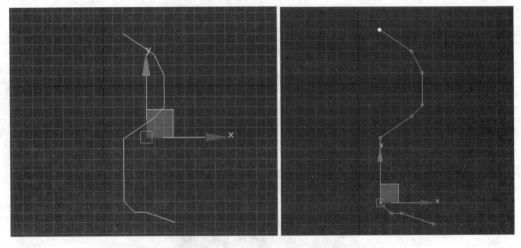

图 2-3-7　　　　　　　　　　　　　　图 2-3-8

②选择【修改】命令面板，在选择卷展栏中选择【顶点】次对象层级，在前视图选中要修改的点，显示为红色，如图 2-3-8。

③选择红色的节点，在该节点上右击，在弹出的右键菜单中改变节点类型为"Bezier 角点"，如图 2-3-9 所示。调节每一个节点的控制柄，完成如图 2-3-10 所示的造型。并给该样条线赋予轮廓命令，轮廓值为 1，如图 2-3-11 所示。

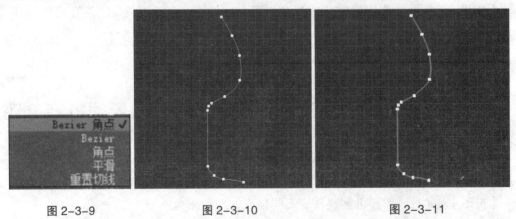

图 2-3-9　　　　　　图 2-3-10　　　　　　图 2-3-11

④将【修改】面板下的【选择】菜单下的【顶点】次对象层级关闭，按钮变为灰色。如图 2-3-12 所示，选中线形物体，点选【修改】面板下的【修改器列表】中的【车削】命令，如图 2-3-13 所示。

图 2-3-12

图 2-3-13

⑤打开【车削】命令修改器，在【参数】选项框中，将【分段】改为30，使其模型更加精细，如图2-3-14。【方向】选择Y轴，【对齐】选择最小，通过调整顶点位置，优化高脚杯的造型。选择透视图窗口查看模型效果，如图2-3-15所示。

图 2-3-14

图 2-3-15

2.3.3 案例2 三维立体文字模型

利用【文本】命令可以创建二维文字图形，再通过修改命令（比如倒角、挤出）等修改命令将其变化为三维立体文字造型。下面通过【文本】命令创建一组三维倒角立体文字。

①单击【创建】命令面板中，【图形】菜单下的【文本】按钮，如图2-3-16，打开【Texe】命令修改器，在【参数】选项框中，选择【字体】为黑色，在【文本框】内输入文字"三维模型"四个汉字，如图2-3-17。

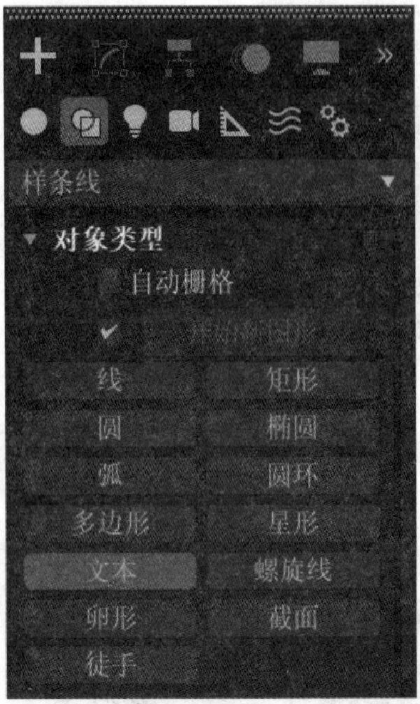

图 2-3-16

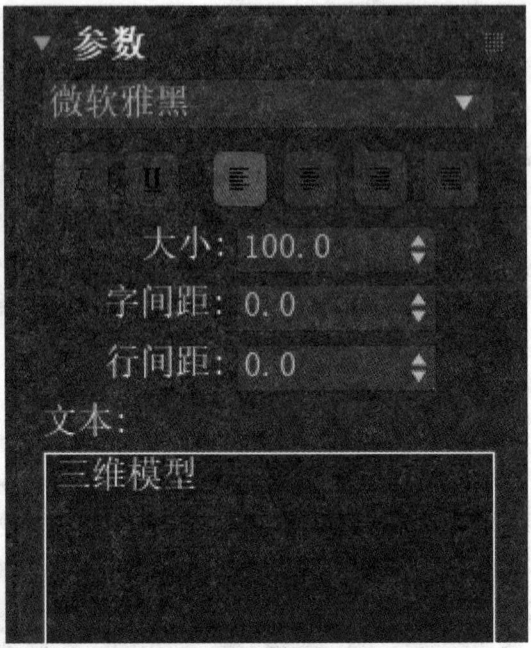

图 2-3-17

②在前视图中创建出二维文字，如图 2-3-18 所示。选中创建的二维文字，点选【修改】面板下的【修改器列表】中的【倒角】命令，进入【倒角】命令修改器，在【倒角值】选项框中设置【起始轮廓】为 2.0,【级别 1】中【高度】设置为 4,【轮廓】设置为 0.0，勾选【级别 2】,【高度】设置为 5.0,【轮廓】设置为 -2.0. 如图 2-3-19 所示。

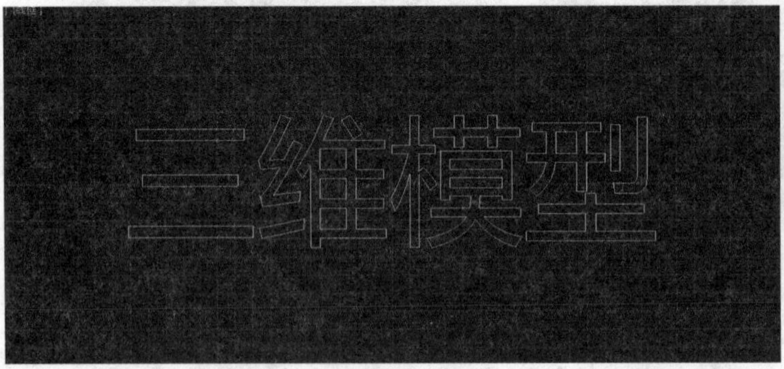

图 2-3-18

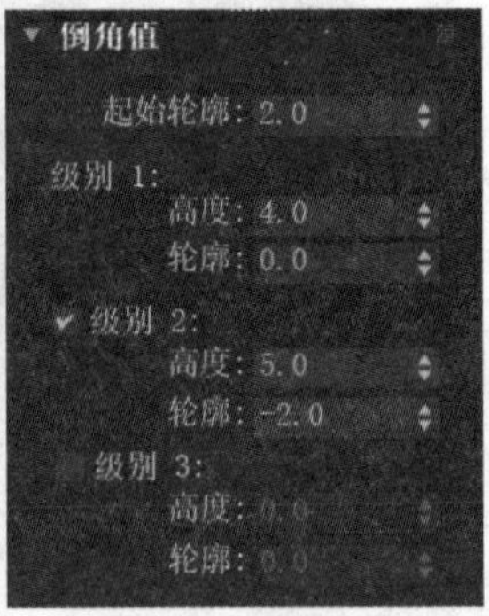

图 2-3-19

③各项数值调节完毕后，选择透视图视角观看文字三维倒角最终效果。如图 2-3-20。

图 2-3-20

2.3.4　案例 3　传统装饰图案模型

各类纹样类图案也是二维图形建模的主要内容。这种图案如果在 3ds Max 中通过样条线绘制建模，过程十分烦琐且效率较低。我们可以利用【导入】命令可以将其它格式的二维图形文件导入到 3d 场景中，进行模型的创建工作。其中常见的导入格式有 AI、CAD 格式。

下面以 AI 格式文件为例，讲解如何通过导入二维图形文件，在 3ds Max 软件中进行模型的创建工作。

①单击【应用程序】按钮，在弹出的菜单中选择【导入】命令，然后在弹出的子菜单中继续选择【导入】选项，弹出如图 2-3-21 所示的对话框。将【文件类型】选项改为所有格式，选择纹样 1.ai 文件，点击【打开】按钮。

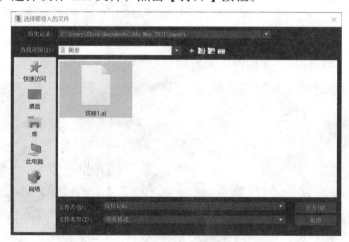

图 2-3-21

②在【AI 导入】对话框选择合并对象到当前场景选项，按确定键，如图 2-3-22。

然后在【图形导入】对话框选择单个对象选项，按确定键，如图 2-3-23。这样可以使文件塌陷为一个线形物体。在透视图视角观察导入的二维线形文件，如图 2-3-24。

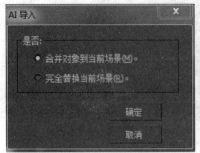

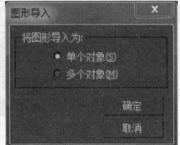

图 2-3-22   图 2-3-23

图 2-3-24

③选择导入的二维对象，选择【修改】命令面板下的【修改器列表】，从列表中选择【挤出】命令，打开【挤出】命令的调节面板下的【参数】对话框，调节【数量】为 0.1，如图 2-3-25。在透视图视角观察模型立体效果，如图 2-3-26。

图 2-3-25   图 2-3-26

2.4 复合对象

复合建模，简单的说就是依据一定的方式和构成规律将两个以上简单的几何物体合并为复杂的三维模型。复合对象不能直接在场景中创建，它是在现有对象的基础上创建的，如果场景中没有符合条件的对象，则【复合对象】命令将不可用。合成对象命令面板中共有12个工具，分别为变形、散布、一致、连接、水滴网格、图形合并、布尔、放样、地形、网格化，ProBoolean、ProCutter，如图2-4-1所示。

图 2-4-1

2.4.1 布尔运算建模

布尔建模是两个或多个相交的物体通过并集、交集、差集以及剪切等运算生成新的复合体对象的建模方法。图2-4-2所示为相交的圆柱体和管状体，图2-4-3所示是圆柱体和管状体进行布尔运算差集命令操作得到的模型。

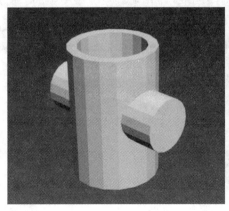

图 2-4-2

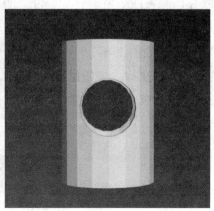

图 2-4-3

布尔运算中常用的三种操作类型如下：

并集：生成包含两个原始运算对象总体的布尔运算。

差集：从一个运算对象中减去另一个运算对象。可以从第一个对象上减去与第二个对象相交的部分，也可以从第二个对象上减去与第一个对象相交的部分。

交集：生成的对象只包含两个原始对象公用的部分，即重叠的部分。

案例 1　窗格模型

①单击【应用程序】按钮，在弹出的菜单中选择【打开】命令，然后在弹出的子菜单中继续选择【打开文件】选项，弹出如图 2-4-4 所示的对话框。将【文件类型】选项改为 3ds max 格式，选择窗格 .max 文件，点击【打开】按钮，在透视图视口观察花片模型效果。如图 2-4-5 所示。

图 2-4-4　　　　　　　　　　　　　　　　　图 2-4-5

②单击【创建】命令面板中的【几何体】按钮，单击【对象类型】中的【长方形】，在左视图单击并拖曳鼠标，定义长方体的长与宽度，再上下移动鼠标定义高度，单击鼠标即可创建出如图 2-4-6 所示的图形，【参数】设置如图 2-4-7 所示。调节该长方体在顶视图视口的位置，如图 2-4-8 所示。

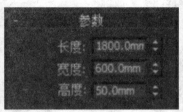

图 2-4-6　　　　　　　　　图 2-4-7　　　　　　　　　图 2-4-8

③单击【创建】命令面板中的【几何体】按钮，单击【对象类型】中的【圆柱体】，在左视图单击并拖曳鼠标，制作出圆柱体。定义圆柱体的各项参数值，【参数】设置如图 2-4-9 所示。即可创建出如图 2-4-10 所示的图形，调节该长方体在顶视图视口的位置，如图 2-4-11。

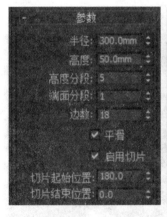

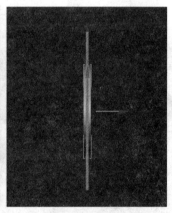

图 2-4-9　　　　　　　　　图 2-4-10　　　　　　　　　图 2-4-11

④在透视图视口单击创建好的长方体，点击鼠标右键选择【转换为】中的【转换为可编辑多边形】命令，如图 2-4-12。点选【修改】面板下的【可编辑多边形】修改器中的【编辑几何体】列表下的【附加】命令按钮，如图 2-4-13。点击制作好的圆柱体进行附加，圆柱体颜色即可和长方体颜色统一，两者进行合并操作，合并为一个物体，如图 2-4-14。

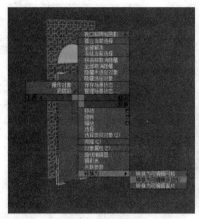

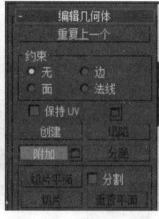

图 2-4-12   图 2-4-13   图 2-4-14

⑤选择合并后的物体，单击【创建】命令面板中的【几何体】按钮，在下拉列表菜单中选择【复合对象】选项，如图 2-4-15 所示。单击【对象类型】中的【布尔】命令，在【拾取布尔】卷展栏下的【操作】复选框中选择【差集（B-A）】选项。如图 2-4-16 所示。再点击【拾取操作对象 B】按钮，完成布尔运算。如图 2-4-17 在透视图视口观察模型完成效果。

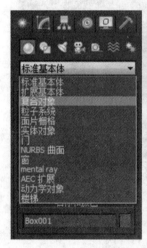

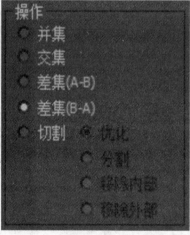

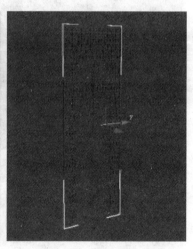

图 2-4-15   图 2-4-16   图 2-4-17

2.4.2 图形合并

使用【图形合并】工具可以创建包含网格对象和一个或多个图形的复合对象。【图形合并】建模将样条线嵌入网格对象中，或从网格对象中去除样条线区域，从而组成新物体，称其为复合物体。图形合并建模方式常用于物体表面的纹样、文字镂空、嵌入效果，参数面板如图 2-4-18 所示。

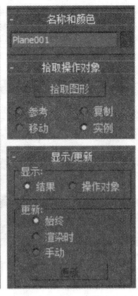

图 2-4-18

【拾取图形】 单击该按钮，然后单击要嵌入网格对象的图形。

【参考/复制/移动/实例】 指定如何将图形传输到复合对象中。

【操作对象】在复合对象中列出所有操作对象。

【删除图形】 从复合对象中删除选中的图形。

【提取操作对象】 提取选中操作对象的副本或实例。

【实例/复制】指定如何提取操作对象，可以作为实例或复制副本进行提取。

【饼切】 切去网格对象曲面外部的图形。

【合并】 将图形与网格对象曲面合并。

【反转】 反转【饼切】或【合并】效果。

【更新】 当选中除【始终】单选按钮之外的任一选项时更新显示。

案例 1 花格雕刻模型

①单击【应用程序】按钮，在弹出的菜单中选择【导入】命令，然后在弹出的子菜单中继续选择【合并】选项，弹出如图 2-4-19 所示的对话框。将【文件类型】选项改为【所有文件】格式，选择花格图案 .ai 文件，点击【打开】按钮，。在【图形导入】对话框中将图形导入为单个对象，在【AI 导入那】对话框合并对象到当前场景，如图 2-4-20 所示。

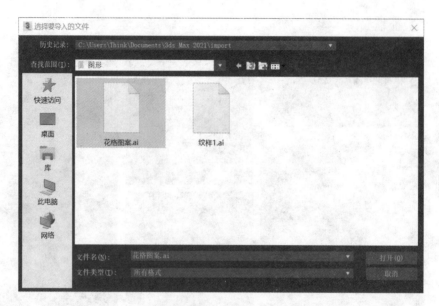

图 2-4-19

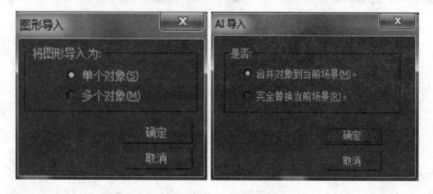

图 2-4-20

②单击【创建】命令面板中的【几何体】按钮，单击【对象类型】中的【平面】按钮，在顶视图单击并拖曳鼠标左键，制作平面，定义平面的参数值，在【参数】面板中将【分段数】设置为8*8，长宽如图2-4-21所示，略大于导入的图案花格文件。在前视图调节平面位置，放置在花格图案下方。如图2-4-22。

38

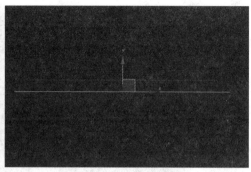

图 2-4-21   图 2-4-22

③选择平面物体，单击【创建】命令面板中的【几何体】按钮，在下拉列表菜单中选择【复合对象】选项，单击【对象类型】中的【图形合并】命令，在【拾取操作对象】卷展栏下的【拾取图形】按钮，如图 2-4-23 所示，点选导入的花格图案图形。如图 2-4-24 所示，在平面物体上就会投影上纹样。

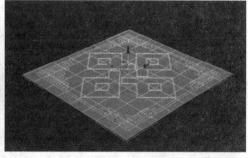

图 2-4-23   图 2-4-24

④选择平面物体，单击鼠标右键在下拉列表菜单中选择【转换为可编辑多边形】，如图 2-4-25 所示。点选【修改】面板下的【可编辑多边形】修改器中的【选择】列表下的多边形命令按钮，摁住 ctrl 键，点击鼠标左键，选取如图 2-4-26 所示的区域。

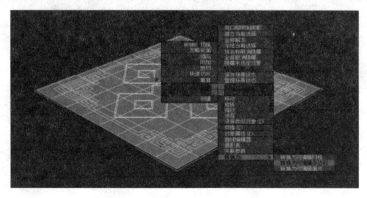

图 2-4-25

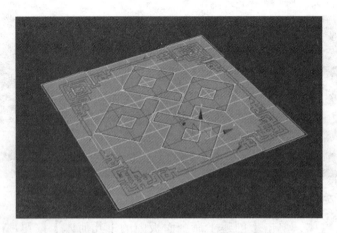

图 2-4-26

⑤点选【修改】面板下的【可编辑多边形】修改器中的【编辑多边形】列表下的【挤出】按钮旁的设置按钮，如图 2-4-27 所示。在【设置】对话框中设置高度为 5，如图 2-4-28 所示。设置完成后在透视图查看最终效果，如图 2-4-29 所示。

图 2-4-27

图 2-4-28

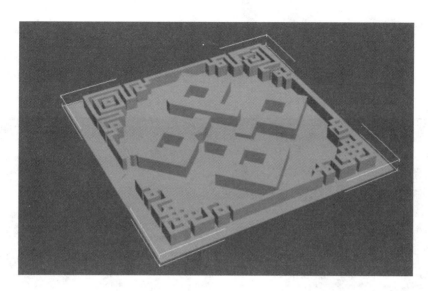

图 2-4-29

2.4.3 放样

放样指在同一路径上放置一个或多个不同的二维图形截面，并使这个截面或这些截面沿该路径进行组合而生成一个三维造型。放样路径和放样截面是两个关键要素，放样路径可以是开口线段或封闭的曲线。放样截面也可以是开口的线段或封闭的曲线，数量也没有限制。

案例 1 石膏装饰线条模型

①单击【创建】命令面板中的【图形】按钮，单击【对象类型】中的【线】按钮，在视图中单击并拖曳鼠标左键，制作如图 2-4-30 所示的放样截面和放样路径。

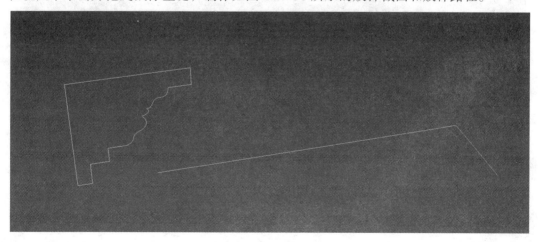

图 2-4-30

3ds Max 三维模型设计与制作实用教程

②选择路径线，单击【创建】命令面板中的【几何体】按钮，在下拉列表菜单中选择【复合对象】选项，单击【对象类型】中的【放样】命令，在【创建方法】卷展栏下的【获取图形】按钮，再点选放样截面，如图 2-4-31 所示，就形成了新的三维图形。

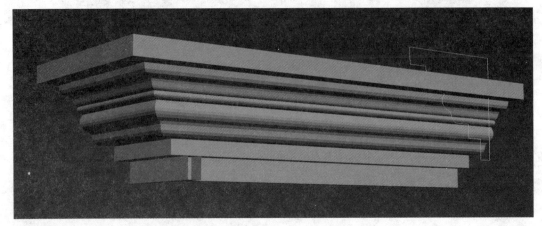

图 2-4-31

③点选【修改】面板下的【Loft】修改器中子对象【图形】列表，如图 2-4-32 所示。点击菜单列表的【旋转】工具，旋转 90 度，纠正石膏线的截面方向，如图 2-4-33 所示。

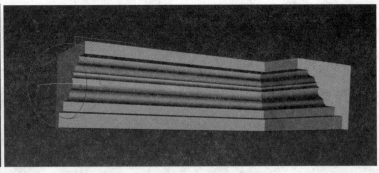

图 2-4-32   图 2-4-33

④点选【修改】面板下的【Loft】修改器中的【变形】卷展栏中的【缩放】按钮，如图 2-4-34 所示.在弹出的【缩放变形（X）】列表中选择【移动控制点】按钮，框选两侧的点并移动到如图 2-4-35 所示的位置。

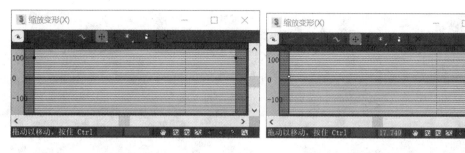

| 图 2-4-34 | 图 2-4-35 |

⑤通过比例调节，石膏装饰线条符合正常尺寸，最终形态如图 2-4-36 所示。

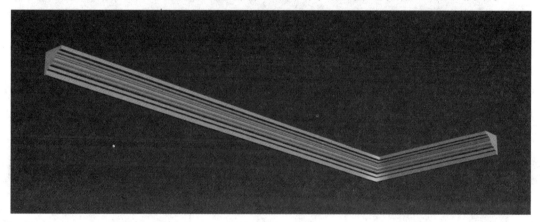

图 2-4-36

2.4.4　一致

一致建模方法可以使一个对象的所有顶点贴附到另一个对象的表面，以适应这个对象的外形。善于表现崎岖不平的地面上的道路、覆盖于其他物品上的纺织品等。

案例　起伏道路模型

①打开制作好的崎岖不平的地面场景，以线面模式显示，如图 2-4-37 所示。

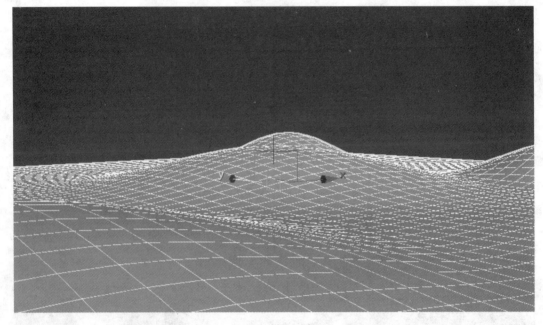

图 2-4-37

②单击【创建】命令面板中的【几何体】按钮，选择【标准几何体】中的【平面】按钮，在视图中单击并拖曳鼠标左键，制作如图 2-4-38 所示的道路。平面的长度和宽度【分段数】分别设置为 50，并且将其放置在山地模型上方，如图 2-4-39 所示。

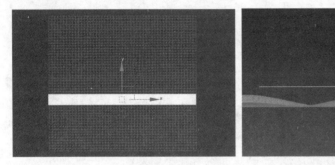

图 2-4-38

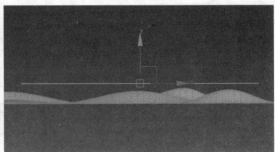

图 2-4-39

③选择刚才创建好的平面，单击【创建】命令面板中的【几何体】按钮，选择【复合对象】中的【一致】按钮，在下拉式设置列表【拾取包裹到对象】里的【拾取包裹对象】按钮，再次拾取透视图窗口里的山地模型，平面贴合在崎岖不平的山地模型上，形成道路模型，如图 2-4-40 所示。

图 2-4-40

本章小结

本章主要学习了三维模型基础建模技术，内容包括内置模型建模、挤出建模、倒角建模、车削建模、放样建模、复合对象建模等。应重点了解三维建模的基本概念，熟练使用建模辅助工具，掌握内置模型的建模方法，掌握挤出、倒角、倒角剖面、车削、放样等建模方法，掌握复合对象建模方法。

思考与练习

1. 二维图形的次对象有哪些？

2. 布尔运算中常用的操作类型有哪几种？如何使用？

3. 图形合并的主要特点是什么？

4. 如何使用复合对象中的放样工具制作物体？

第三章　高级建模

本章学习重点

· 理解多边形建模、面片建模、NURBS 建模的原理。
· 掌握多边形建模、面片建模、NURBS 建模的基本方法和技巧。
· 掌握可编辑多边形的顶点、线段、多边形、边界、元素子对象级别的编辑操作。
· 熟悉三维高级模型的建模规范和技术流程。

本章通过学习多边形建模、面片建模、NURBS 建模、外置插件建模技术，让读者深入掌握这几种三维建模的原理和方法。

3.1 可编辑多边形建模

3ds Max 提供了多样化的高级建模方法。多边形建模方法无疑是目前最主流的三维建模方法之一。该方法目前广泛应用于虚拟交互设计类模型、工业设计类模型、环艺设计类模型及影视动画类模型的制作中。多边形建模不仅具有逻辑清晰、操作灵活、手段丰富、占用系统资源少、运行速度快的特点，而且在较少的面数下也可以制作较复杂的模型，针对形态不规则的物体也可以有合适的应对方案。

3.1.1 可编辑多边形修改器

在编辑多边形对象之前，要明确是否已经将物体塌陷为多边形。选择需要塌陷的物体后，在任意视图中鼠标右击，在弹出的菜单中选择【转化为可编辑多边形】选项，既可进入【可编辑多边形】修改器，如图 3-1-1 所示。

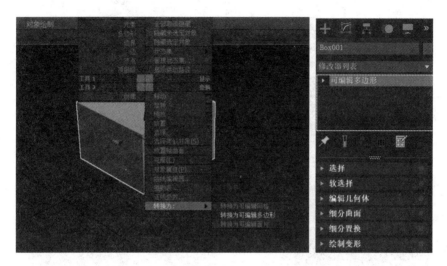

图 3-1-1　　　　　　　　　　　　　　　　图 3-1-2

　　此修改器有 6 个卷展栏,分别是【选择】卷展栏、【软选择】卷展栏、【编辑几何体】卷展栏、【细分曲面】卷展栏、【细分置换】卷展栏、【绘制变形】卷展栏,如图 3-1-2 所示。

　　【选择】　工具与选择主要用来访问多边形子对象以及快速选择子对象。

　　【软选择】　允许以选中的子对象为中心向四周扩散,以衰减状方式来选择临近的子对象。还可以通过控制【衰减 】、【收缩】和【膨胀】的数值来控制所选子对象区域的大小及对子对象控制力的强弱。

　　【编辑几何体】　工具适用于所有子对象,用于全局修改多边形参数。

　　【细分曲面】　工具可以将细分应用于采用【网格平滑】格式的对象 ,以便对分辨率较低的【框架】网格进行操作,同时查看更为平滑的细分结果。

　　【细分置换】　可以进行曲面近似设置,用于细分可编辑的多边形。控件的工作方式与 NURBS 曲面的曲面近似设置相同。

　　【绘制变形】　主要用于推、拉或者在对象曲面上拖动鼠标光标来影响顶点。在子对象层级上,它仅会影响选定顶点以及识别软选择。

3.1.2　可编辑多边形的次对象

①【顶点】次对象

进入【顶点】次对象层级后,顶点此对象层级被激活,均以蓝色显示,如图 3-1-3 所示,并在其修改器中出现【编辑顶点】卷展栏,如图 3-1-4 所示。

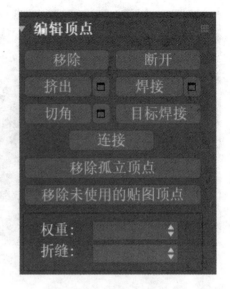

图 3-1-3　　　　　　　　　　　　　　图 3-1-4

【编辑顶点】 卷展栏中各参数的作用：

【移除】 用于移除当前选择的点。移除顶点不会破坏面的完整性，被移除的顶点周围的点会重新进行结合。

【断开】 单击该按钮，将会在选择点的位置创建更多的顶点。

【挤出】 单击该按钮，可以在视图中通过手动方式对选择点进行【挤出】操作。

【焊接】 在视图中选择需要焊接的顶点后，单击该按钮，在阈值范围内的顶点会被焊接到一起。也可以单击其右边的【设置】按钮，弹出【焊接顶点】对话框，增通过增大阈值继续进行有效焊接。

【切角】 单击该按钮后，拖动选择点会进行切角处理；单击其右侧的【设置】按钮后，弹出【切角顶点】对话框，可以通过数值框调节切角值的大小。

【目标焊接】 单击该按钮后，在视图中将选择的点拖动到要焊接的顶点上以自动进行焊接。

【连接】 单击该按钮，可创建新的边线。

【移除孤立顶点】 单击该按钮，可删除所有孤立的顶点，不管是否选择该点。

【移除未使用的贴图顶点】 没用的贴图点可以显示在【UVW 展开】修改器中，但不能用于贴图。

【权重】 用于设置选择点的权重。勾选【细分曲面】卷展栏中的【使用 NURMS 细分】复选框，或者使用【网格平滑】修改后可以通过这个选项调节光滑的效果。

②【边】和【边界】次对象

【边】和【边界】次对象的一些命令功能与【顶点】次对象的命令功能相同，请参见【顶点】次对象的参数介绍。【编辑边】和【编辑边界】卷展栏如图 3-1-5、3-1-6 所示。

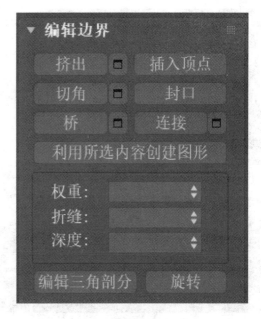

图 3-1-5　　　　　　　　　　　　　　　图 3-1-6

主要参数的作用：

【插入顶点】　用于手动添加边的顶点数量，可以连续细分多边形。

【移除】　单击该按钮，可删除选定边并组合使用这些边的多边形。

【分割】　单击该按钮，可沿着选定边分割网格。如果对网格中间的单边执行【分割】操作，不会执行任何操作。

【焊接】　单击该按钮，可对边进行焊接。在视图中选择需要焊接的边后，单击次按钮，在阈值范围内的边会被焊接到一起。

【桥】　该工具可以连接对象上的两个多边形或多边形组。

【利用所选内容创建图形】　在选择一个或更多的边后，单击该按钮，可以将选定的边创建为样条线图形。

【拆缝】　用于设置选择边之间的锐利程度。

【编辑三角形】　用于修改绘制内边或对角线时多边形细分为三角形的方式。

【旋转】　单击该按钮后，通过单击对象线修改多边形细分为三角形的方式。

③【多边形】和【元素】次对象

【多边形】和【元素】次对象的一些命令和功能与【顶点】和【边】次对象相同，这里就不重复介绍。请参见【顶点】和【边】此对象的参数介绍。【编辑多边形】和【编辑元素】卷展栏以及它们特有的【多边形属性】卷展栏如图 3-1-7、3-1-8 所示。

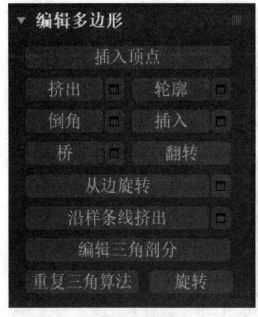

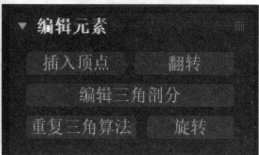

图 3-1-7   图 3-1-8

主要参数的作用：

【编辑多边形】卷展栏：

【挤出】这是多边形建模中使用最频繁的工具之一，单击该按钮后，可以在视图中通过手动方式对选择多边形进行【挤出】操作。

【轮廓】单击该按钮，可增大或减小轮廓边的尺寸，常用来调整挤出或倒角面。

【倒角】这是多边形建模中使用最频繁的工具之一，用于对选择的多边形进行挤出和轮廓处理。

【插入】执行没有高度的倒角操作。

【翻转】单击该按钮，可翻转选择多边形法线方向，从而使其面向用户的正面。

【沿样条线挤出】用于将当前选择以一条指定的曲线为路径进行【挤出】操作。

【编辑三角剖分】通过绘制内边修改多边形细分为三角形的方式。

【重复三角算法】在当前选定的一个或多个多边形上执行最佳三角剖分。

【旋转】使用该工具可以修改多边形细分为三角形的方式。

3.2 可编辑多边形建模综合案例

使用多边形建模工具制作三维模型时，通常执行以下操作步骤：

第一步：根据项目需要创建基本模型样本。也就是模型基础形态，比如长方形、圆形、三角形等。

第二步：将基本模型形态转换为可编辑多边形，并且完成模型每一个面片的布线工作。这一步至关重要，直接决定着模型的形态能否达到三维仿真要求。

第三步：使用相关工具对布线模型进行局部分隔、挤出、倒角、桥、收缩等操作，完善模型的结构细节。

第四步：如果模型需要表面保持光滑形态，则需要添加【网格平滑】、【涡轮平滑】等命令来优化模型。

3.2.1 案例1 制作拱形窗户模型

① 首先进行单位设置。单击菜单栏中的【自定义】→【单位设置】命令，弹出【单位设置】对话框，单击【系统单位设置】按钮，在弹出的【系统单位设置】对话框中将单位设置为【毫米】。

②在视图中建立一个平面，【长度】设置为100mm，【宽度】设置为80mm，并且设置长和宽的分段数为4，并将其转换为可编辑多边形，如图3-2-1、3-2-2所示。

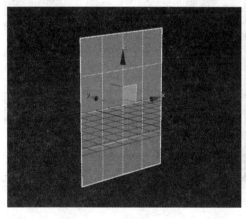
图 3-2-1

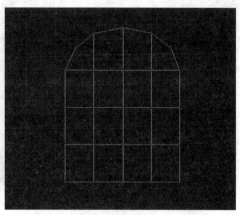
图 3-2-2

③ 选择平面物体，按住键盘 Alt+C 键，即切片命令，分割面片。选择【可编辑多边形】修改器的【顶点】次对象层级，调节左上角和右上角顶点的位置，继续调整弧形窗户造型，调节完毕后选择【移除】命令，删除多余的顶点，如图3-2-3、3-2-4所示。

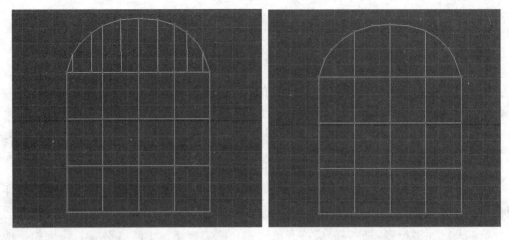

图 3-2-3   图 3-2-4

④点击【多边形】次对象层级，将分割好的面全部选择，点选【插入】旁边的设置按钮，将【插入】类型选择为按组模式，并且设置插入值为 2.22mm，该值可以根据外窗框整体大小进行修改，从而形成窗户外边框，如图 3-2-5、3-2-6 所示。

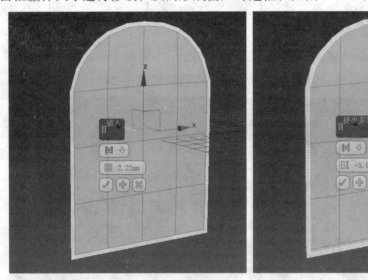

图 3-2-5   图 3-2-6

⑤选择所有分割面，进行【挤出】命令操作，设置分割面挤出厚度 -5mm，从而与外窗框形成厚度关系。继续对分割好的所有分割平面进行【插入】命令，将【插入】类型选择为按多边形模式，并设置插入值为 2，形成内边框造型，如图 3-2-7、3-2-8。

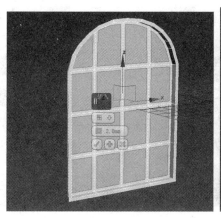
图 3-2-7

图 3-2-8

⑥选择所有分割面，进行【挤出】命令操作，设置分割面挤出厚度 –3mm，从而与内窗框形成厚度关系。点选所有内窗框，如图 3-2-9 所示。对其进行【倒角】命令操作，设置倒角厚度为 2mm，倒角斜度 –1mm，给窗户内边框添加一个斜向厚度，如图 3-2-10 所示。

图 3-2-9

图 3-2-10

⑦再次点选所有分割面，点选【分离】按钮，将所有分割面分离出来，形成玻璃造型，如图 3-2-11 所示，最终拱形窗户模型制作完成，如图 3-2-12 所示。

图 3-2-11 图 3-2-12

3.2.2 案例 2 制作足球模型

①单击菜单栏中的【自定义】→【单位设置】命令，弹出【单位设置】对话框，单击【系统单位设置】按钮，在弹出的【系统单位设置】对话框中将单位设置为【毫米】。

②进入【创建】命令面板，选择【几何体】中的【扩展几何体】中的【异形体】模型，将异形体的【系统系列】选择为二十四面体，【系统参数】P 值设置为 0.4，增加面数，如图 3-2-13 所示。

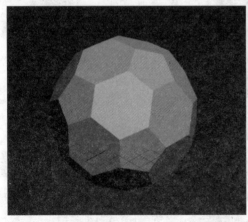

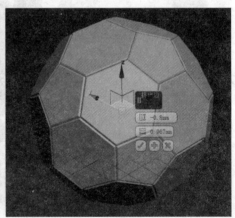

图 3-2-13 图 3-2-14

③将该物体转化为可编辑多边形，选择【线】选择层级，选择物体全部的线段，右键选择【挤出】旁边的【设置】按钮，设置挤出参数，具体数值合适为宜，可以参考图 3-2-14。

④对模型进行细化处理，在【编辑几何体】卷展栏下点击【细化】按钮，点击该按钮次数越多，模型网格面得到的分段数就越多，如图 3-2-15 所示。继续对模型添加【球形化】修改器命令，并调整具体参数，如图 3-2-16 所示。

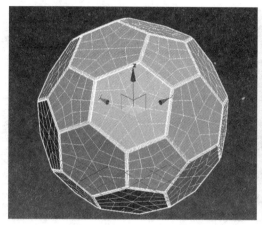
图 3-2-15

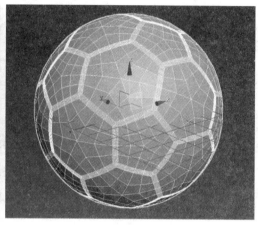
图 3-2-16

⑤对模型添加球形化修改器，继续为模型添加【网格平滑】修改器，迭代次数值为 2，最终模型效果如图 3-2-17。

图 3-2-17

3.2.3 案例 3 制作异形长椅模型

①单击菜单栏中的【自定义】→【单位设置】命令，弹出【单位设置】对话框，单击【系统单位设置】按钮，在弹出的【系统单位设置】对话框中将单位设置为

【毫米】。

②进入【创建】命令面板，选择【样条线】中的【线】工具，在顶视图绘制一条曲线，将曲线中间三个顶点改为平滑，并调整相应位置，如图 3-2-18 所示。

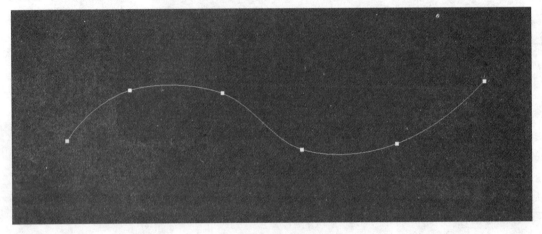

图 3-2-18

③选择该曲线的【顶点】子层级，【几何体】命令面板下点击【优化】按钮，为该曲线增加顶点，调整顶点位置，使曲线圆滑，如图 3-2-19、3-2-20 所示。

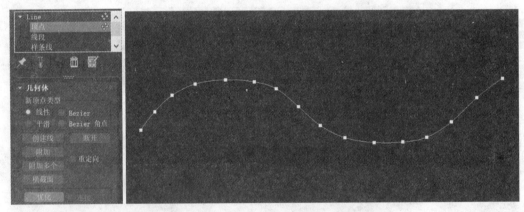

图 3-2-19   图 3-2-20

④选择该曲线的【顶点】子层级，勾选【渲染】命令面板下的【在渲染中启用】和【在视口中启用】按钮，同时在【矩形】参数栏中设置长度为 30mm，宽度为 100mm，将该曲线立体化，并将【插值】命令面板下的【步数】改为 1，减少曲面分段数，如图 3-2-21、3-2-22、3-2-23 所示。

图 3-2-21　　　　　　　　　　图 3-2-22

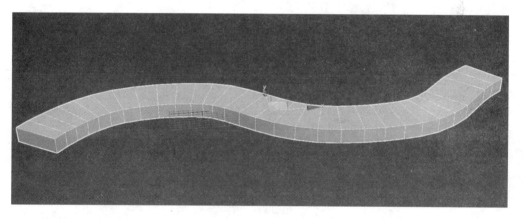

图 3-2-23

⑤将该物体转化为可编辑多边形后，选择【顶点】子层级，删除底层所有顶点，最终效果如图 3-2-24、3-2-25 所示。

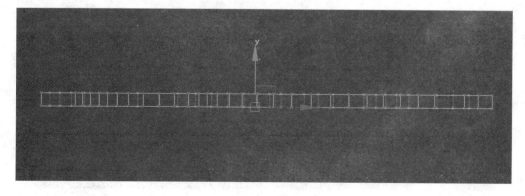

图 3-2-24

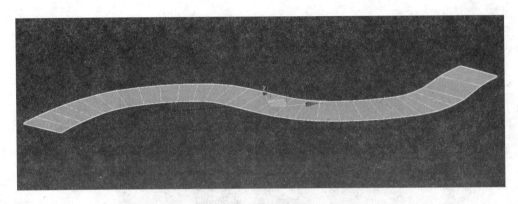

图 3-2-25

⑥点击曲面物体表面任意一条线，选择【线】子层级，点击【选择】命令面板下的【环形】按钮，则可以全选所有线段。在所有线段被选择状态下，单击鼠标右键，在菜单中选择【连接】参数框，连接两条线，如图 3-2-26 所示。

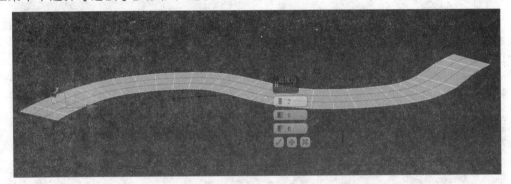

图 3-2-26

⑦继续选择曲面中间部分的一条线段，点击【选择】命令面板下的【环形】按钮，在所有线段被选择状态下，单击鼠标右键，在菜单中选择【连接】参数框，再次连接两条线，如图 3-2-27 所示。

图 3-2-27

⑧按住键盘上的 Alt 键的同时，将曲面左右及中间局部的线段取消选择，将选择的线段按照 Z 轴向上移动。单击鼠标右键，选择【转化到面】选项，继续将局部面片按照 Z 轴向上移动，调节整体曲度形态，如图 3-2-28、3-2-29 所示。

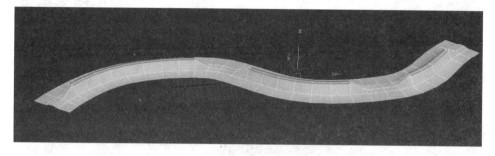

图 3-2-28

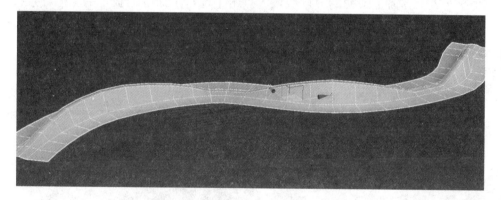

图 3-2-29

⑨继续选择中间两条线段，点击【选择】命令面板下的【循环】按钮，在所有线段被选择状态下，选择【编辑边】命令面板下的【切角】参数框，将切角量设置为 4mm。勾选【细分曲面】命令面板下的【使用 NURMS 细分】，取消【等线值显示】，并将【迭代次数】选择为 2，优化细分曲面，如图 3-2-30、3-2-31 所示。

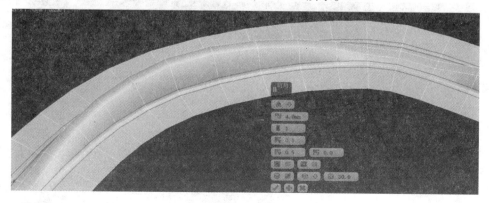

图 3-2-30

59

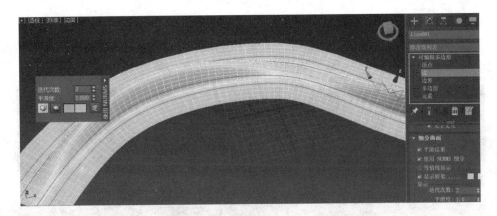

图 3-2-31

⑩选择 Y 轴方向上最初的分段线段，点击【选择】命令面板下的【循环】按钮，再点击【环形】按钮，则所有最初的分段线段都被选择，如图 3-2-34 所示。继续选择【编辑边】命令面板下的【切角】参数框，将切角量设置为 1.5mm，并且勾选【打开切角】命令，椅子曲面被有序地分割，如图 3-2-35 所示。

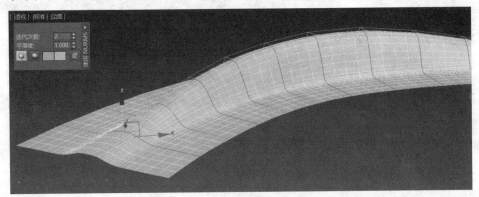

图 3-2-34

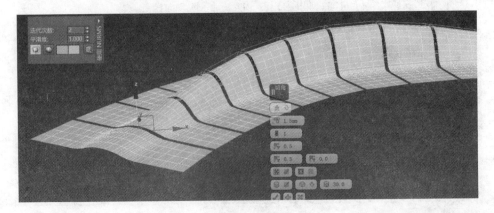

图 3-2-35

⑪ 选择整个椅子曲面,进入编辑器列表,选择【壳】命令,设置【外部量】参数为 2,为曲面物体增加厚度值,如图 3-2-36 所示。

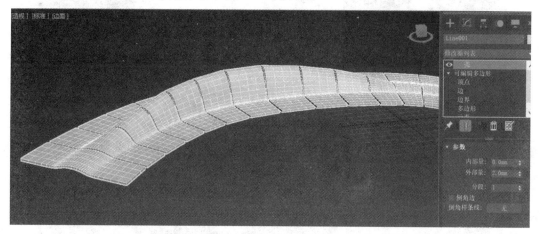

图 3-2-36

⑫ 进入【创建】命令面板,选择【标准基本体】中的【管状物】工具,在前视图绘制一个管状物,作为长椅的支撑部位,具体参数如图 3-2-37、3-2-38 所示。

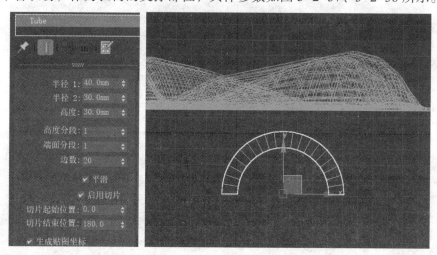

图 3-2-37   图 3-2-38

⑬ 选择管状物,在顶视图和左视图调节其在视图中的位置,按住 Shift 进行复制,如图 3-2-39 所示。点击每一个管状物,在【工具】窗口选择【旋转】命令,继续调整位置,如图 3-45 所示。最终该异形长椅的三维模型效果,如图 3-2-40、3-2-41 所示。

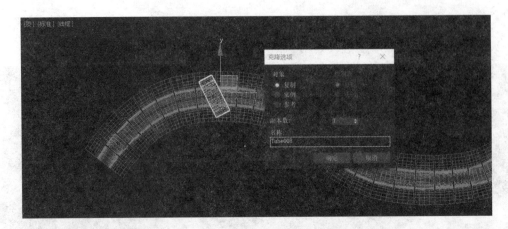

图 3-2-37

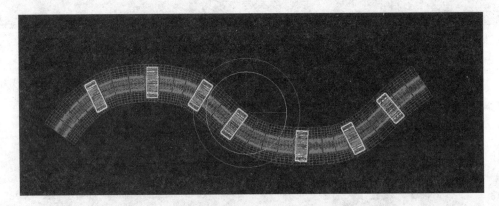

图 3-2-38

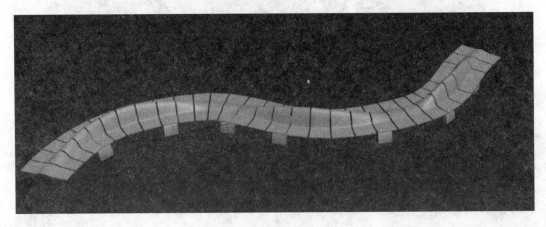

图 3-2-39

3.2.4 案例四 制作异形花瓶模型

①制作一个圆柱体，设置圆柱体基本参数【半径】为400mm，【高度】为1600mm，【高度分段】为6，【边数】为18放置位置，如图3-2-40所示。将该圆柱体转换为可编辑多边形，将圆柱体的顶面删除。

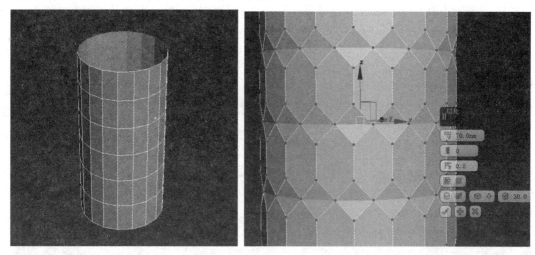

图3-2-40　　　　　　　　　　　　　　图3-2-41

②选择【可编辑多边形】修改列表中【选择】子对象中的点命令，选择所有顶点，点选切角旁边的设置按钮，设置切角值，点选焊接按钮，将所有相邻顶点焊接在一起，如图3-2-41所示。

③选择该圆柱体的所有面，点选插入旁边的设置按钮，设置插入值，将【插入类型】改为【按多边形】，【数量】为12mm，如图3-2-42所示。

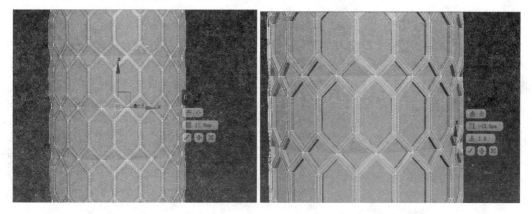

图3-2-42　　　　　　　　　　　　　　图3-2-43

④在刚才制作的基础上，选择刚才通过【插入】工具制作出的面，点选挤出旁边

的设置按钮，设置挤出值，将【挤出类型】改为【局部法线】，【高度】为 –15mm，如图 3-2-43 所示，按住键盘 Alt 键的同时，不选择圆柱体最上面一行和最下面一行的面。对选中的多边形进行命令操作，点击【插入】旁边的设置按钮，设置插入值，将【插入类型】改为【按多边形】，【数量】为 50mm，对形成的小四棱形进行倒角旁边的设置按钮，设置【高度】值和【轮廓】值，【高度】值为 16mm，【轮廓】值为 –5mm，如图 3-2-44 所示。

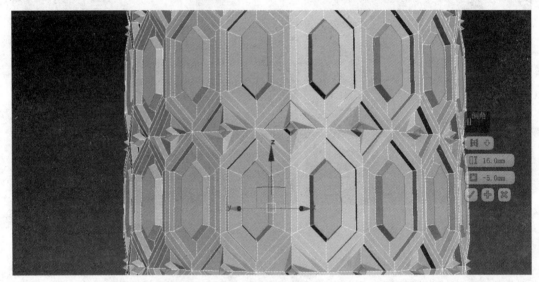

图 3-2-44

⑤点击右侧可编辑多边形的【边界】命令，选择【切片平面】，屏幕中会出现一根黄线作为切割面，然后点击【切片按钮】，完成切片操作，如图 3-2-45 所示。在所有切片被选择的状态下，点击工具栏中的【旋转】按钮，将【参考坐标轴】改为局部，并且右键点击【旋转】按钮，弹出【旋转变化输入】，将【偏移：局部】下的 Y 轴偏移值改为 3，如图 3-2-46、3-2-47 所示。关闭可编辑多边形修改器，在修改器列表中选择【涡轮平滑】命令，修改【涡轮平滑】命令中的【迭代次数】为 3，增加模型的平滑等级，最终经过平滑处理后的模型如图 3-2-48 所示。

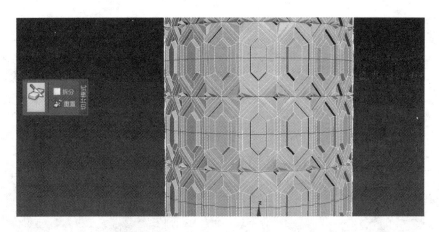

图 3-2-45

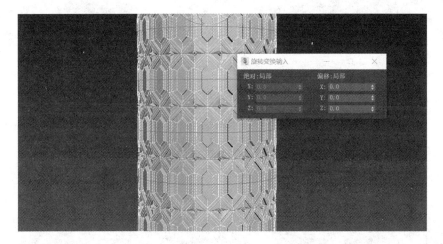

图 3-2-46

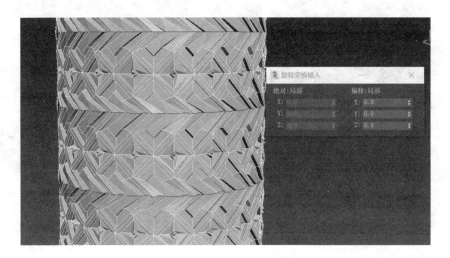

图 3-2-47

图 3-2-48

⑥在修改器列表中选择【壳】命令，为花瓶添加厚度，如图 3-2-49 所示。继续添加【FFD(长方体)】命令，在 FFD 参数中设置点数，讲长、宽、高分别设置为 5，如图 3-2-50 所示。选择 FFD(圆柱体) 修改器子菜单下的【控制点】命令，对设置的每一行的控制点在前视图进行成比例缩放调整，如图 3-2-51 所示，制作到该步骤时，花瓶造型制作完成。

图 3-2-49   图 3-2-50

图 3-2-51

3.3 NURBS 建模

NURBS 建模方法扩展了 MAX 的建模功能。这种建模方法通过点、线、面的组合完成建模，点、线、面的控制方式灵活，可以生成任意复杂的模型。

NURBS 建模编辑对象主要分为 NURBS 曲面和 NURBS 曲线，都可以通过多个曲面的组合形成创建的三维造型，如图 3-3-1、3-3-2 所示。NURBS 曲面特别适用于创建复杂的曲面造型，使某些实体建模难以达到的圆滑曲面的构建，变得易于操作，而 NURBS 曲线则可以将二维图形转化为三维实体模型。

图 3-3-1

图 3-3-2

NURBS 曲线与曲面上的调节点有两种方式：Points 编辑点和 CV 控制点。Points 编辑点构成曲线或曲面，点的布局是在曲线或曲面上的，而 CV 点则是分布在曲线或曲面之外的，点与点之间不是曲线，而是控制曲线的控制线。

Points 编辑点：该类型的顶点与曲线和表面紧密相连，并对曲线和表面的曲率作相应的调整。

CV 控制点：该顶点和 CV 曲线或表面保持一定距离，根据 CV 权重值，来影响曲线和表面，使其朝向或远离 CV。

3.3.1　如何创建 NURBS 对象

目前有四种方法可以创建 NURBS 对象：

①在新建场景中，直接创建 NURBS 曲线或 NURBS 曲面。

②通过编辑修改器将对象转化为 NURBS 对象，在对二维图形应用【挤出】等编辑修改器命令后，在其【参数】卷展栏内的【输出】选项组中，设置输出类型为 NURBS。

③将选择对象直接塌陷为 NURBS 对象。

④在创建 NURBS 对象后，进入【修改】命令面板，在【常规】卷展栏内单击【NURBS 创建工具箱】按钮，通过该工具箱创建 NURBS 对象。

NURBS 建模步骤：

采用 NURBS 建模方式时，通常遵循以下步骤：

①制作模型轮廓，可以由面片物体转化或直接由 NURBS 曲线轮廓围成曲面。

②进入变动命令面板在次级物体层级勾画出模型细部。需要注意的是在一个 NURBS 模型中，次物体从其相互关联方面的性质可分为从属次物体和独立次物体，从属次物体被显示为绿色，在执行命令时产生的次物体多数此类，它不能独立编辑，可通过修改它从属的对象来修改它。独立次物体显示为白色，可进行独立编辑。从属次物体可通过孤立命令转化为独立次物体。

3.3.2　案例 1　三维苹果模型

①单击创建栏中的【图形】按钮，在下拉菜单中选择【NURBS 曲线】命令，单击【对象类型】面板下的【点曲线】按钮，选择 NURBS 类型，如图 3-3-3、3-3-4 所示。

图 3-3-3

图 3-3-4

②在前视图中创建点曲线形状，并调整形状，点击【创建】命令面板，选择【样条线】中的【圆】工具，在顶视图绘制一个小圆环，并放置到如图 3-3-5、3-3-6 所示的位置。

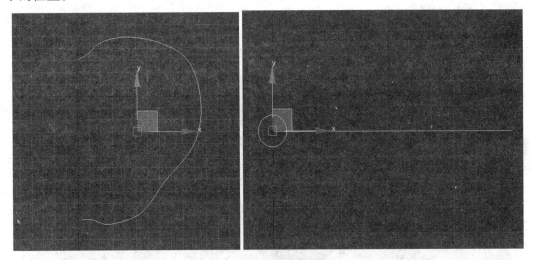

图 3-3-5

图 3-3-6

③在顶视图中选择做好的点曲线，选择工具栏中的【旋转工具】，并在【参考坐标系】下拉菜单中选择【拾取】命令，拾取小圆环图形。在工具栏中的【坐标变换中心】下拉选项中选择【使用坐标变换中心】命令，如图 3-3-7、3-3-8 所示。

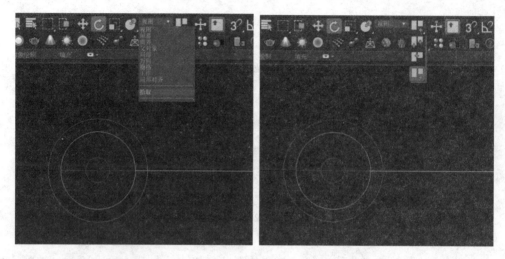

图 3-3-7 　　　　　　　　　　　　 图 3-3-8

④选择工具栏中的【栅格和捕捉设置】按钮，在将弹出的对话框中选择【选项】子层级【拾取】命令，将下拉菜单中选择【角度】值设置为 30 度，按住 Shift 的同时，将点曲线以小圆环为中心旋转，在弹出的【克隆选项】对话框中的【副本数】选择为 11，如图 3-3-9、3-3-10 所示。

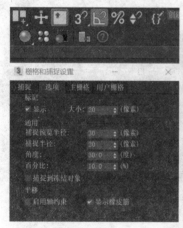 

图 3-3-9 　　　　　　　　　　　　 图 3-3-10

⑤在顶视图和透视图观察整体结构造型，如图 3-3-11、3-3-12 所示。

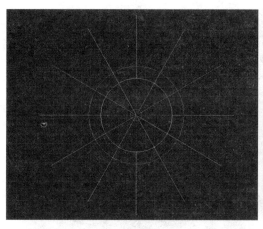

图 3-3-11

图 3-3-12

　　⑥选择任意一条点曲线，在右侧的【NURBS 曲线】控制面板下，选择【缩放】面板中的复选框按钮，弹出按钮选择集。在【按钮选择集】中选择【曲面】类型中的【创建 U 向放样曲面】按钮，如图 3-3-13 所示。按顺时针点击每一条点曲线，形成三维造型，再点击右侧控制面板中的【U 向放样曲面】面板下的【闭合放样】命令，UV 放样曲面在 U 轴方向的基础上增加了 V 轴的方向，能够根据 UV 两个方向的曲线创建面，如图 3-3-14 所示为使用"创建 UV 放样曲面"命令创建的 UV 放样曲面。闭合该曲面，如图 3-3-15 所示。

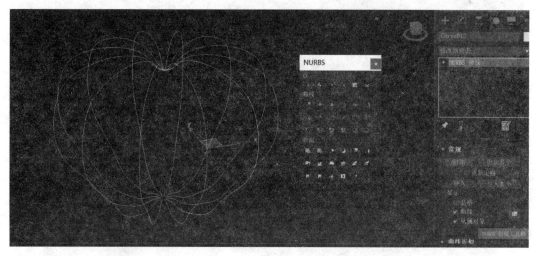

图 3-3-13

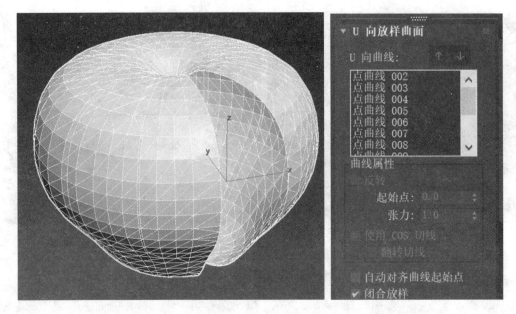

图 3-3-14   图 3-3-15

⑦在右侧【NURBS 曲线】控制面板中，选择【点】次层级对象，继续调节需要调节的节点，优化苹果造型，并且在【修改器列表】中选择【网络平滑】命令，将【迭代次数】设置为 2，平滑模型表面，如图 3-3-16、3-3-17 所示。

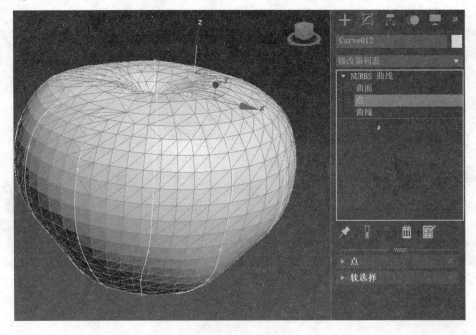

图 3-3-16

72

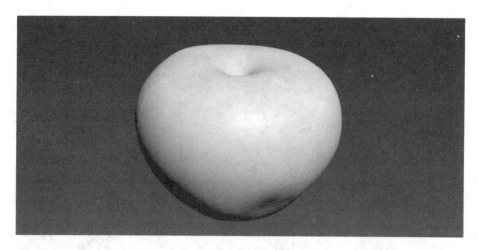

图 3-3-17

⑧继续制作苹果把儿，在前视图绘制三条封闭样条线。单击创建栏中的【几何体】按钮，在下拉菜单中选择【复合对象】命令，如图 3-3-18 所示。单击第一条未封闭的样条线，选择【复合对象】面板下的【创作方法】菜单栏中的【获取图形】按钮，如图 3-3-19 所示。

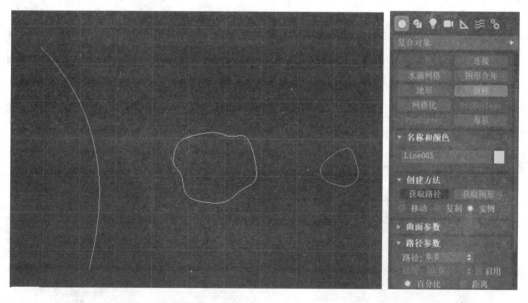

图 3-3-18   图 3-3-19

⑨在【复合对象】面板下的【路径参数】菜单栏中的【路径】值设置为 100，点击前视图中稍大些的闭合曲线，再次将【路径】值设置为 0，点击前视图中稍小些的闭合曲线，如图 3-3-20 所示，得到苹果把儿的基本造型。

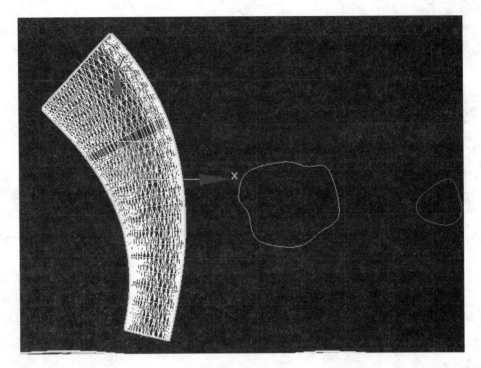

图 3-3-20

⑩点选【修改】面板下的【Loft】修改器中的【变形】卷展栏中的【缩放】按钮，在弹出的【缩放变形（X）】列表中选择【移动控制点】按钮，框选两侧的点并移动到如图 3-3-21 所示的位置。继续调整苹果把儿的位置，并且在【修改器列表】中选择【网络平滑】命令，将【迭代次数】设置为 2，平滑模型，如图 3-3-22 所示，完成模型的制作。

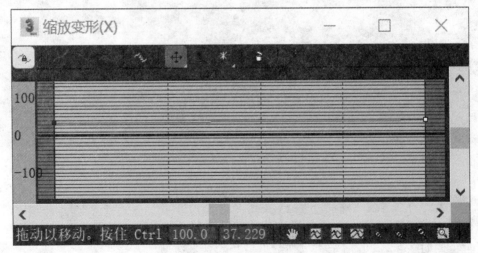

图 3- 3 -21

图3- 3 -22

3.4 面片建模

面片建模是作为一种有效的模型类型，解决了多边形表面不易进行弹性编辑的问题。面片与样条曲线的使用技巧基本相似，可以通过调整表面的控制句柄来改变面片的曲率。由于面片建模编辑的顶点较少，可用较少的细节制作出光滑的物体表面和表皮的褶皱感，所以适合创建各类软性物体的模型。

3.4.1 面片建模的方法

面片建模的方法有两种：

一种是塑形法，利用编辑面片修改器，调整面片的次对象，再通过拉扯节点，调整节点的控制柄，从而将四边形面片塑造成三维模型。

另一种是蒙皮法，绘制模型的基本样条线框，随后在其次对象层级中进行编辑，最后添加一个曲面修改器而成三维模型。尤其值得注意的是，面片的创建可以是四边形面片或三边形面片直接创建，或者是将创建好的几何模型塌陷为面片物体，但塌陷得到的面片物体结构过于复杂，容易导致运算错误。

3.4.2 案例1 三维梨模型

①单击菜单栏中的【自定义】→【单位设置】命令，弹出【单位设置】对话框，单击【系统单位设置】按钮，在弹出的【系统单位设置】对话框中将单位设置为【毫米】。

②进入【创建】命令面板，选择【样条线】中的【圆】工具，在顶视图绘制一个圆形，并转化为可编辑样条线。选择【可编辑样条线】次层级【顶点】，在【几何体】控制面板中，点击【优化】按钮，给圆形增加顶点，如图3-4-1、3-4-2所示。

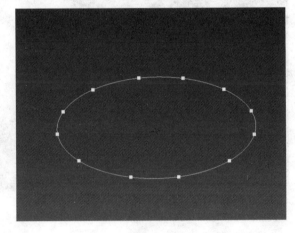

图3-4-1   图3-4-2

③选择【可编辑样条线】次层级【顶点】，在顶视图调整点的位置，如图3-4-3、3-4-4所示。进入【几何体】命令面板，勾选【连接复制】中的【连接】，按住Shift的同时，选择该样条线框沿Z轴向上再复制一个，继续选择【工具栏】中【缩放】工具，将上层的样条线框收缩至如图的大小。

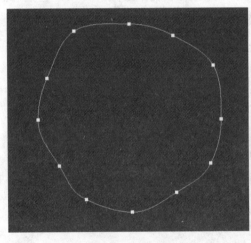
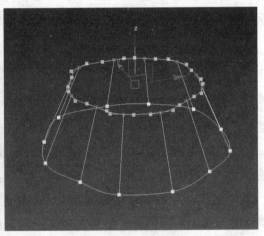

图3-4-3   图3-4-4

④继续按照以上步骤操作，沿Z轴向上再复制多个样条线框，并选择【工具栏】中【缩放】工具，并调整每一层的样条线框，形成梨的大致立体结构，如图3-4-5、3-4-6所示。

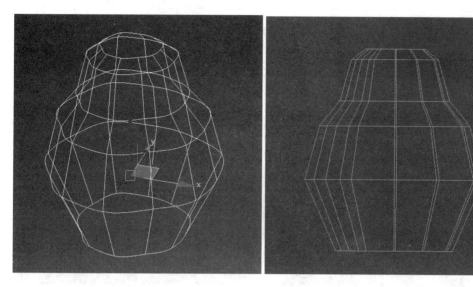

图 3-4-5 图 3-4-6

⑤继续按照以上步骤操作，沿 Z 轴向上再复制多个样条线框，并选择【工具栏】中【缩放】工具，并调整每一层的样条线框，形成梨的大致立体结构，如图 3-4-7、3-4-8 所示。

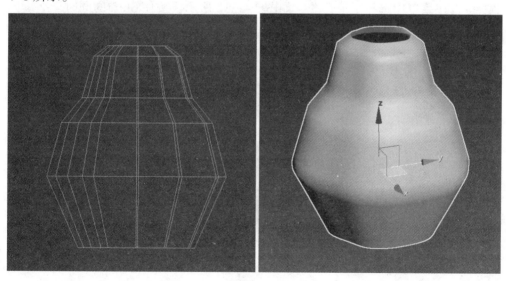

图 3-4-7 图 3-4-8

⑥选择所有横向样条线框，按住 Ctrl 的同时，点击鼠标右键 Shift，在弹出的菜单中选择【隐藏样条线】命令，如图 3-4-9 所示。选择图中所有的顶点，单击右键，在菜单中选择平滑命令，如图 3-4-10 所示。

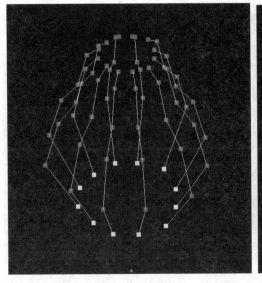
图 3-4-9

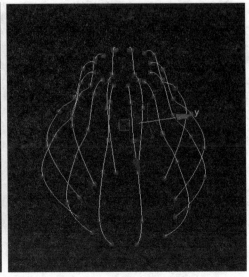
图 3-4-10

⑦点击任意一个顶点，按住 Ctrl 的同时，点击鼠标右键，在弹出的菜单中选择【全部取消隐藏（样条线）】命令，选择如图 3-4-11 所示的样条线，选择图中所有的顶点，单击右键，在菜单中选择平滑命令，如图 3-4-12 所示。按住 Shift 的同时，继续向内缩放该截面。

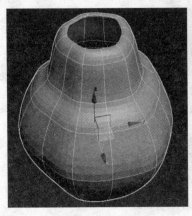
图 3-4-11

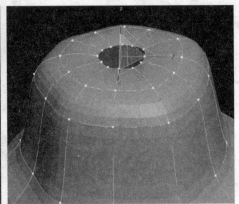
图 3-4-12

⑧继续通过调整顶点位置，优化造型，将最内侧的样条线选择，按住 Shift 的同时，延 Z 轴向上分三段延展该截面，如图 3-4-13、3-4-14 所示。

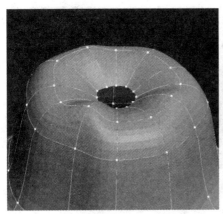

图 3-4-13

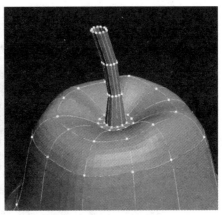

图 3-4-14

⑨选择梨造型，转化为可编辑多边形，选择梨把造型最上方的边界截面，选择编辑边界命令面板下的封口命令，继续选择切角命令，选择合适的切角值，对梨把部分进行优化，在修改器列表中选择网络平滑命令，将迭代次数设置为 2，平滑模型表面，梨的最终模型如图 3-4-15、3-4-16 所示。

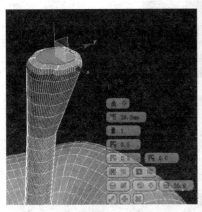

图 3-4-15

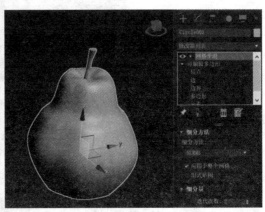

图 3-4-16

3.5 外置插件建模

目前类似各类树木草丛的模型制作，我们可以借助 Forest Pack Pro 等外置插件完成。Forest Pack Pro（专业森林制作）是 3D Studio Max 和 3D Studio Viz 的高级专业森林植物插件，可以短时间内做出专业的大面积树林、草丛、人群等插件，尤其在制作大场景的建筑场景，制作效果非常出色，如图 3-5-1 所示。

图 3-5-1

3.5.1 花丛案例制作

①在顶视图制作闭合样条线，如图 3-5-2 所示。

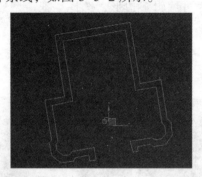

图 3-5-2

②导入一个全模的花卉模型，如图 3-5-3 所示，并将其放置在制作好的闭合曲线旁边。在【几何体】工具下选择【Itoo Software】树木插件，点击对象类型下的【Forest Pro】按钮后，拾取闭合曲线，如图 3-5-4 所示。

图 3-5-3   图 3-5-4

③在【Properties】修改器下勾选【Custom Object】，点击【Custom Object】下方的按钮，拾取导入的全模花卉模型。在【Distribution Map】选项下的【Units】值设置为 15000。该值越小，花卉种植密度就越大。最后将【Transform】修改器下的【旋转】和【比例】按钮勾选，调整比例最大和最小值分别为 30、50。这样可以使每一个花卉的比例进行随机缩放，缩放范围控制在 30-50 之间。具体设置参数如图 3-5-5、3-5-6、3-5-7、3-5-8 所示。

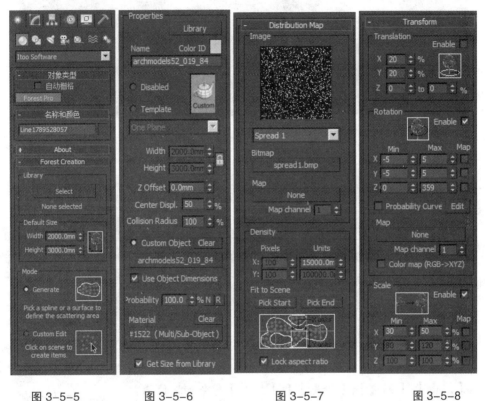

图 3-5-5   图 3-5-6   图 3-5-7   图 3-5-8

④最终效果如图 3-5-9 所示。

图 3-5-9

此建模方法也适合在三维场景前景制作各类花卉植物，从而增加场景的层次感和丰富性，如图 3-5-10 所示。

图 3-5-10

本章小结

本章主要介绍了三维建模技术中的多边形建模、NURBS 建模、面片建模、外置插件等高级建模方法，详细讲解了多边形对象的重要卷展栏，同时对重要建模工具进行了图文解析。

思考与练习

1. 【可编辑多边形】修改器有哪些子对象？

2. 【挤出】、【倒角】、【轮廓】和【插入】命令如何使用？

3. 面片建模的方法有哪几种？

4. 如何使用【FFD 修改器】工具改变物体形状？

第四章　材质设计

本章学习重点

· 了解材质的相关概念。

· 掌握 VRay 常用材质的使用方法。

· 理解材质 UVW 贴图坐标的基本应用。

在利用 3ds Max2021 进行三维图形设计的过程中，当模型构建完成后，为其赋予相关的材质，能够使三维模型更加生动而逼真，所以学习材质的使用和操作十分重要。本章主要学习 VRay 材质与贴图的相关知识内容。

4.1　材质的基本原理

材质是指物体表面的特性信息，其中包括颜色及肌理，还包括了物体对光的属性，比如反光强度、反光方式、反光区域、透明度、折射率及表面的凹凸起伏等一系列属性。我们常见的不锈钢具有高反射特性、玻璃和水具有透明特性、布料具有柔软特性、砖墙具有粗糙低光特性等。

这里要注意，贴图是材质的一种图像属性，即一种将图片信息投影到曲面上的方法。这种方法很像使用包装纸包裹礼品，不同的是它将图像、图案，甚至表面纹理以数学方法投影到曲面上，贴图图像一般都是标准的位图文件，贴图服务于材质，为材质提供可视化的图像信息。

4.1.1　材质的制作流程

在将相关材质应用至三维模型对象的过程中，常常遵循以下流程：

①打开材质编辑器，指定材质类型。

②选择材质类型（默认材质编辑器或 VRay 等外置材质编辑器）。

③根据对象材质属性，设置漫反射颜色、不透明度、光泽度及凹凸值等常规数值。

④将贴图指定给需要设置贴图的材质通道，并调整相关参数。

⑤将材质应用于三维模型对象，并调节 UVW 贴图坐标，适配贴图位置。

⑥保存贴图。

4.1.2 材质编辑器

在 3ds Max 2021 中，可以通过菜单操作【渲染】-【材质编辑器】打开材质编辑器，或者使用快捷键【M】都可以打开材质编辑器。用户编辑修改三维场景中的所有材质属性都在这里完成的。3ds Max2021 中提供两种材质编辑器模式，精简材质编辑器模式，如图 4-1-1 所示。平板材质编辑器模式，如图 4-1-2 所示。

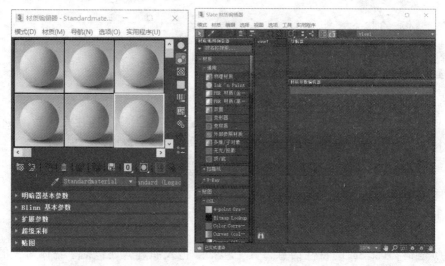

图 4-1-1   图 4-1-2

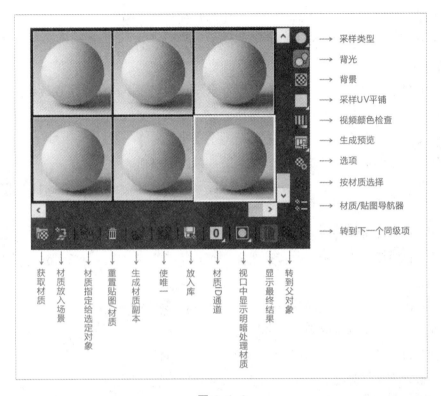

图 4-1-3

精简材质编辑器是 3dsMax 迭代版本中使用的传统材质编辑器，而平板材质编辑器使用节点、列表和关联的方法将材质显示在活动视口。两种材质编辑器操作都十分方便，可以根据自己操作习惯，选择适合自己的模式，本章主要以精简材质编辑器为例，讲授该材质编辑器的使用技巧，如图 4-1-3 所示。

材质菜单常用命令功能：

获取材质：执行该命令可以打开【材质 / 贴图浏览器】对话框，在该对话框中可以选择材质或贴图。

将材质放入场景：可以更换场景中对象的材质。该按钮只有在当前材质的副本或编辑状态时才能使用。

材质指定给选定对象：可以将材质示例窗中的材质指定给选择的对象。

重置贴图 / 材质：可以清除当前可选择的材质示例窗中的材质，并恢复为默认状态。

生成材质副本：复制当前材质，该材质处于被编辑状态，且不会影响场景中的材质。

使唯一：在多维材质中可以使关联复制的材质转换为独立材质。

放入库：执行该命令可以将选定的材质添加到材质库中。

材质 ID 通道：给每一个材质赋予一个材质效果通道，可以用于后期制作，比如在 AE 软件中调色。

视口中显示明暗处理材质：贴图效果显示在视图对象上，观察仿真效果。

显示最终结果：查看所在级别的材质。

转到父对象：在当前材质中向上移动一个层级。

转到下一个同级项：选定同一层级的下一贴图和材质。

采样类型：控制示例窗显示的对象类型，默认为球体类型，还有圆柱体和立方体类型。

背光：打开或关闭选定示例窗中的背景灯光。

背景：在材质后面显示方格背景图像，在制作折射率较高的材质时常用。

采样 UV 平铺：为示例窗中的贴图设置 UV 平铺显示。

视频颜色检查：检查当前材质中 NTSC 和 PAL 制式的不支持颜色。

生成预览：使用动画贴图为场景添加运动，并生成预览。

选项：打开"材质编辑器选项"对话框，在该对话框中可以启用材质动画、加载自定义背景、定义灯光亮度或颜色，以及设置示例窗数目等。

按材质选择：选定使用当前材质的所有对象。

材质 / 贴图导航器：单击该按钮可以打开"材质 / 贴图导航器"对话框，能够显示当前材质的所有层级。

4.2　VRay 材质类型

VRay 渲染器是由 Chaosgroup 和 Asgvis 公司联合出品的一款高质量渲染软件，适配 3ds Max2021 的版本 V-Ray5，也是目前业界使用最广泛的渲染引擎。VRay 渲染器提供的 VRayMtl 材质，可以在场景中获得准确的物理照明，应用不同的纹理贴图，控制其反射、折射、凹凸等常规参数值，为不同领域的优秀 3D 建模软件提供了高质量的相片级材质表现效果。

V-Ray5 专用的材质类型有 VRayMtl 材质、VR 材质包裹器、VR 代理材质、VA 灯光材质、VR 混合材质、VR 模拟有机材质、VR 矢量置换烘焙、VA 双面材质等。VRay 专用的贴图类型有 VRayHDRI、VR 边纹理、VR 法线贴图、VR 合成纹理、VR 天空、VR 贴图、VR 位图过滤器、VR 污垢以及 VR 颜色等。如图 4-2-1 所示。

图 4-2-1

4.2.1 VRayMtl 材质

VRayMtl 材质类型是 VRay 材质最重要也是使用率最高的材质类型，包括基本参数、清漆层参数、光泽层参数、双向反射分布函数、选项和贴图卷展栏。VRay 材质可以创建绝大多数的材质，比如木材、织物、液体、塑料、玻璃、金属、皮革等，界面如图 4-2-2 所示。

图 4-2-2

①基本参数卷展栏常用参数介绍（如图 4-2-3）

漫反射：该参数用于表现材质的颜色属性。

粗糙度：该参数可以用来模仿物体粗糙表面，数值越低粗糙程度越高。

反射：该参数可以决定用于材质的反射强度。设置的颜色越亮则反射越多。

反射光泽度：该参数用于控制反射模糊的程度，将数值设置为 1 则是全反射材质。

菲涅尔反射：勾选该选项，反射是基于观察物体的角度之上的。在制作各种玻璃材质时经常使用。

最大深度：该参数可以表现反射射线的次数。针对高反射特性的物体时，需要加强值数。

折射：该参数控制带有透明属性物体材质折射值，从黑色到白色修改折射的颜色，增加物体透明度。

折射率：该参数是为了表现材质的折射率，由完全折射率来定义的物体的光学属性。

折射光泽度：该参数用于控制折射模糊质量，值为 1 时折射值最好，例如透明玻璃材质。值数越低，则透明度越低，例如磨砂玻璃材质。

最大深度：该参数可以设置光线折射的次数。折射率越高的物体需要设置越大深度数值。

影响阴影：勾选该选项，物体会产生透明阴影，让物体阴影颜色伴随着透明物体的颜色变化而变化，例如透明玻璃的阴影特征。

影响通道：选下拉列表中有 3 种选择，仅颜色、颜色 +alpha 和所有通道。

雾颜色：该参数用来调整穿过物体光线的衰减。可以模仿玻璃的物理特性，薄的几何体比厚的更透明，颜色更淡。

烟雾倍增：该参数调整烟雾颜色的强度，指数越低烟雾颜色效果越弱。

烟雾偏移：该参数控制在厚和薄区域烟雾颜色效果中的不同强度，值数越高烟雾效果越强烈。

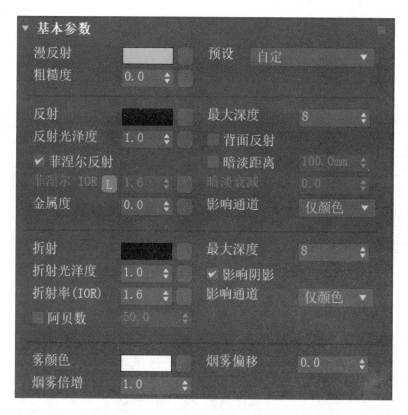

图 4-2-3

②双向反射分布函数卷展栏常用参数介绍（如图 4-2-7）

该选项用于控制物体表面反射特性的常用方法，其中包含布林、多面、反射、沃德四种类型。多面的特点是高光硬区域小，反射清晰，反光呈椭圆形，如图 4-2-4 所示。布林具有标准的高光反射质感特点，如图 4-2-5 所示。沃德的特点是高光弱和区域大，反射比较模糊，如图 4-2-6 所示。

图 4-2-4   图 4-2-5   图 4-2-6

各向异性：用来创建拉伸并成角的高光，而不是标准的圆形高光。

旋转：该参数设定高光的旋转角度。

局部轴：可以改变各向异性效果的方向。

贴图通道：勾选该选项，由贴图通道设定方向。

图 4-2-7

③选项卷展栏常用参数介绍（如图 4-2-8）

跟踪反射：勾掉"跟踪反射"选项，在材质的基础材质中反射颜色不是黑色，反射也不会被运算。

跟踪折射：勾掉该选项，即使折射颜色不是黑色，也不会运算折射。

中止：该参数用于设定不计算反射和折射的临界值。设置值数越低，渲染时间越长。

双面：勾选该选项，渲染物体正反面材质效果。

使用发光贴图：勾选该选项，VRay 对于材质间接照明的近似值使用发光贴图。

保存能量：这个模式是运算 RGB 通道上的衰减，一个无色的漫反射材质，在绿色反射中会出现红色表面。

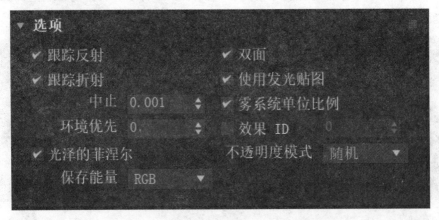

图 4-2-8

90

④贴图卷展栏常用参数介绍（如图 4-2-9）

在制作材质过程中，我们除了可以使用数值控制相关参数外，还可以通过贴图来进行更复杂的效果控制，其参数含义与标准的贴图含义相同。

贴图			
漫反射	100.0 ✓		无贴图
反射	100.0 ✓		无贴图
反射光泽度	100.0 ✓		无贴图
折射	100.0 ✓		无贴图
折射光泽度	100.0 ✓		无贴图
不透明度	100.0 ✓		无贴图
凹凸	30.0 ✓		无贴图
置换	100.0 ✓		无贴图
自发光	100.0 ✓		无贴图
漫反射粗糙度.	100.0 ✓		无贴图
菲涅尔 IOR	100.0		无贴图
金属度	100.0 ✓		无贴图
各向异性	100.0 ✓		无贴图

图 4-2-9

凹凸：在凹凸通道中加载一张凹凸贴图，制作材质的凹凸效果。

置换：在置换通道中加载一张置换贴图，制作材质的置换效果。

不透明度：主要用于制作透明材质效果，在凹凸通道中加载一张贴图，例如磨砂玻璃上的花纹等。

环境：主要针对反射、折射等贴图设定的，在其贴图的效果上加入环境贴图。

4.2.2 VRay 双面材质

使用 VRay 双面材质类型时，可以在一个物体正反面制作不一样的材质贴图效果，还可以设置其双面相互渗透的透明度，从而获得半透明效果。使用该材质可以模仿树叶、窗帘、瓶盖等材质效果，如图 4-2-10 所示。

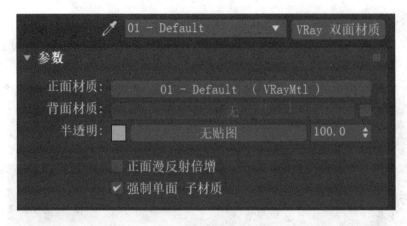

图 4-2-10

正面材质：添加到这个通道中的材质会被应用于模型的正面。

背面材质：在该通道里也可以插入贴图素材，用于模型的背面材质。

半透明：通过颜色设定决定半透明的程度。也可以设置正面材质或背面材质的可见度，颜色越暗，正面材质颜色可见度越大。

强制单面子材质：为了正确渲染效果，当使用 VR 双面材质时，用于设定正面材质或背面材质的子材质，则必须勾选 VRay 材质选项中的"双面"选项。

4.3 常用 VRay 材质设计

本节主要讲解常用 VRay 材质的制作过程，包括木材、石材、布料、墙纸、皮革、金属、玻璃、陶瓷、塑料、液体等材质效果。

首先要确保 VRay 渲染器的正确安装，因为 3ds Max 在渲染时使用的是默认的渲染器，需要我们手工设置 VRay 渲染器为当前渲染器。按快捷键 F10 打开【渲染设置】面板，在【目标】卷展览中选择【产品级渲染模式】，在【渲染器】选择面板中，选择【V-Ray5，hotfix 2】渲染器。此时渲染器已经载入为 VRay 渲染器，在面板下方也会显示 5 个 VRay 的选项，分别是【公用】、【V-Ray】、【GI】、【设置】和【Render Elements】，如图 4-3-1 所示。渲染参数的具体讲解将在实训案列中具体讲解，在这里不再赘述。

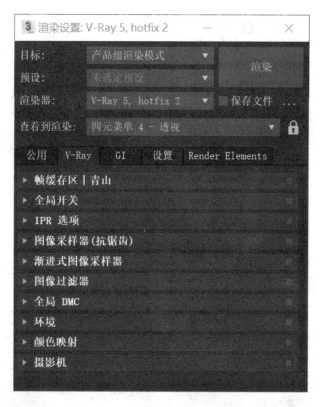

图 4-3-1

4.3.1 金属材质设计

①制作黄色金属材质，单击键盘上 M 键，弹出材质编辑器对话框，选择 VRayMtl 类型材质编辑器。点选【基本参数】卷展栏下的【反射】旁的灰色按钮，弹出【颜色选择器】对话框，将红、绿、蓝三个颜色值设置为 176、124、74，如图所示。将【反射光泽度】设置为 0.9，最大深度值为 5，取消勾选【菲涅尔反射】，如图 4-3-2 所示。

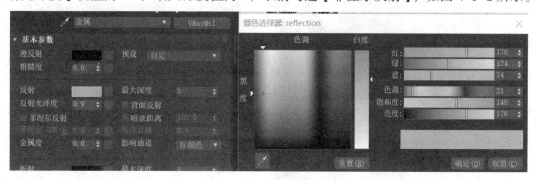

图 4-3-2

②继续点选【双向反射分布函数】卷展栏下的反射类型改为【沃德】，该方式能模拟出金属真实反射效果，如图 4-3-3 所示。

图 4-3-3

③最终材质效果如图 4-3-4、4-3-5 所示。

图 4-3-4

图 4-3-5

4.3.2　皮革材质设计

①皮革材质的制作要考虑颜色、肌理、反射度等诸多要素，如图 4-3-6、4-3-7所示。

图 4-3-6

图 4-3-7

②单击键盘上 M 键，弹出材质编辑器对话框，选择 VRay 混合材质编辑器。点选
【基础材质】按钮，选择【VRayMtl 材质】旁的灰色按钮，在涂层材质 1 通道里添加
【VRayMtl 材质】命令，如图 4-3-8、4-3-9 所示。

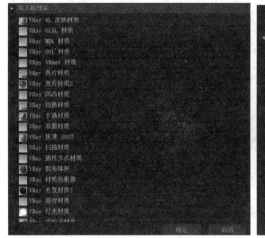

图 4-3-8   图 4-3-9

③点选【基本参数】复选框下的【漫反射】旁的颜色按钮，弹出【颜色选择器】
对话框，将红、绿、蓝三个颜色值设置为 255、174、34，如图 4-3-10 所示。继续选
择颜色按钮旁的灰色按钮，选择【Color Correction】调色命令，在【贴图】旁的选择
如图所示的贴图素材，如图 4-3-11、4-3-12 所示。

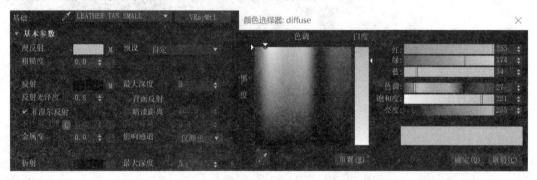

图 4-3-10

图 4-3-11
图 4-3-12

④继续点选【基本参数】复选框下的【反射】旁的灰色按钮,选择【位图】命令,添加一张位图素材,该素材为皮革黑白素材,如图 4-3-13 所示。点选【贴图】卷展栏里的【凹凸】贴图,选择皮革黑白素材,最后将制作好的【基本材质】素材拖拽复制到【涂层材质】1 通道里,如图 4-3-14、4-3-15 所示。

图 4-3-13

图 4-3-14
图 4-3-15

4.3.3 布料材质设计

①布料材质制作要考虑贴图、颜色、质地、反射衰减值等诸多要素，如图4-3-16、4-3-17所示。

图4-3-16　　　　　　　　　　　　　　图4-3-17

②按键盘上的M键弹出材质编辑器面板，设置名称为"布料"的材质球，将该材质指定为VRayMtl材质类型。在【基本参数】卷展栏中，将【反射】指数调节为如图所示的数值，并将【反射光泽度】调节为0.62，勾选【菲涅尔反射】选项，将该数值调节为1.5，【最大深度】调节为2，如图4-3-18所示。

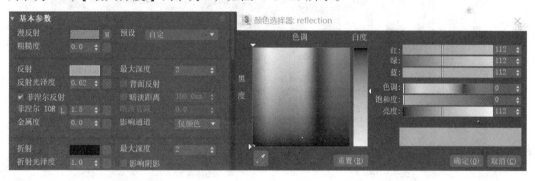

图4-3-18

③接着为织布材质设置基本纹理贴图。单击【基本参数】卷展栏中的【漫反射】颜色后边的灰色按钮，为材质对象指定【衰减】命令，如图4-3-19所示。点击黑色颜色旁的灰色按钮，为其添加【合成】命令，如图4-3-20所示。在【合成】面板中，将层1颜色设置为黑色，层2和层3中分别设置黑白通道贴图素材，层4和层5中分别设置噪波贴图和位图贴图素材，并将层4的【混合模式】设置为叠加，【透明度】设置为15，层5的【混合模式】设置为相乘，【透明度】设置为30。

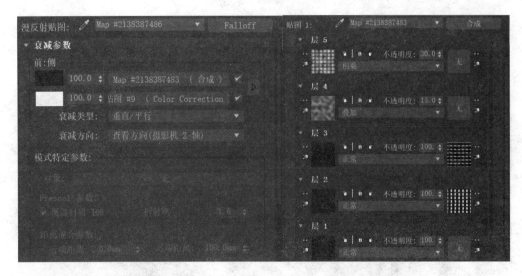

图 4-3-19   图 4-3-20

④层 2 和层 3 中的贴图纹理为黑白通道贴图，如图 4-3-21、4-3-22 所示，模拟织布的纹理走向。

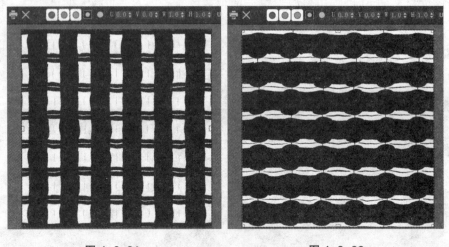

图 4-3-21   图 4-3-22

⑤层 4 和层 5 中的噪波贴图和位图贴图，如图 4-3-23 所示，层 4 中的噪波贴图能够模拟出织布的微妙的凹凸起伏质感，层 5 中的位图贴图能反映出织布纹理的形态，如图 4-3-24 所示。

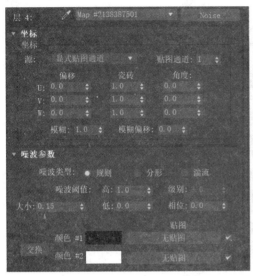

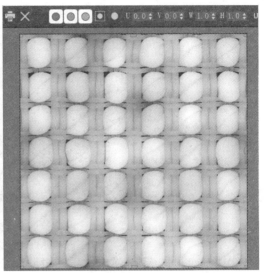

图 4-3-23　　　　　　　　　　　　　　图 4-3-24

⑥点击【转到父层级按钮】，返回该材质面板命令层，将【选项】卷展栏中的【跟踪反射】命令框取消勾选，并将【双面反射分布函数】卷展栏中的分布类型改为【布林材质】，如图 4-3-25 所示。在【贴图】卷展栏中，将刚才制作好的【漫反射】材质复制给【凹凸】贴图通道，在【置换】贴图通道中设置一张和图 4-3-24 一样的织布纹理贴图，增强织布的质感，如图 4-3-26 所示。

图 4-3-25　　　　　　　　　　　　　　图 4-3-26

4.3.4　塑料材质设计

①塑料材质制作要考虑折射率、反射值、质地属性等诸多要素，如图 4-3-27、4-3-28 所示。

99

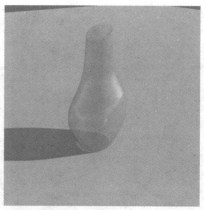

图 4-3-27　　　　　　　　　　　　图 4-3-28

②按键盘上的 M 键弹出材质编辑器面板，设置名称为"塑料"的材质球，将该材质指定为 VRayMtl 材质类型。在【基本参数】卷展栏中，将【漫反射】指数调节为红 225、绿 225、蓝 225，并将【反射光泽度】调节为 0.62，勾选【菲涅尔反射】选项，将该数值调节为 1.5，【最大深度】调节为 2，如图 4-3-29 所示。

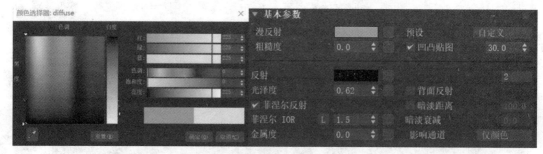

图 4-3-29

③调节【折射】颜色，让材质对象产生透明度，并且调节折射率为 1.01，由于塑料材质质地偏软，密度不高，这参数可以减低材质的硬度感，如图 4-3-30 所示。

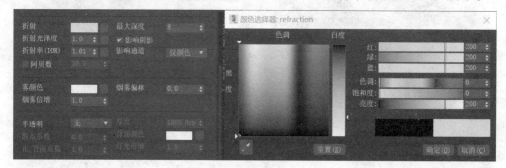

图 4-3-30

④调节【反射】颜色，为材质对象增加反射属性，并且调节【反射光泽度】为 0.7，创建出具有模糊反射的塑料材质效果，如图 4-3-31 所示。

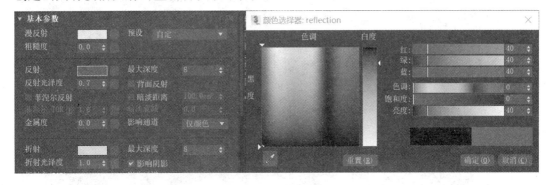

图 4-3-31

⑤调节【漫反射】颜色，为塑料材质对象增加颜色属性，如图所示。并且调节【雾颜色】，将【烟雾倍增】改为 0.7，该数值越低，颜色的穿透性越弱，如图 4-3-32、4-3-33 所示。

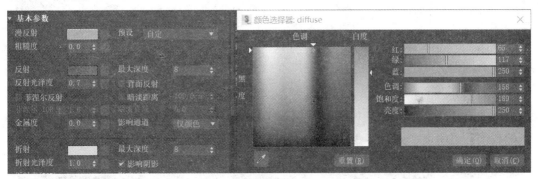

图 4-3-32

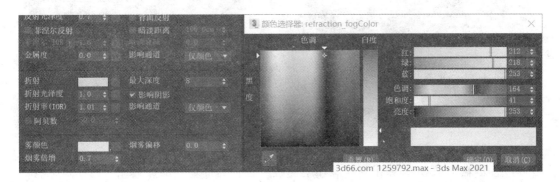

图 4-3-33

4.3.5 玻璃材质设计

①玻璃材质是经常使用的一类材质，种类较多，比如清玻、磨砂玻璃、腐蚀玻璃等。这里选取清玻和磨砂玻璃，讲解其创建技巧，如图 4-3-34、4-3-35 所示。

图 4-3-34   图 4-3-35

②按键盘上的 M 键弹出材质编辑器面板，设置名称为"清玻"的材质球，将该材质指定为 VRayMtl 材质类型。在【基本参数】卷展栏中，将【反射】和【折射】颜色全部设置为白色，让材质产生完全反射和完全折射的属性，勾选【菲涅尔反射】，使玻璃产生透明阴影效果。并调节【雾颜色】数值，将【烟雾倍增】设置为 0.02，以免影响玻璃的透明度，如图 4-3-36 所示。

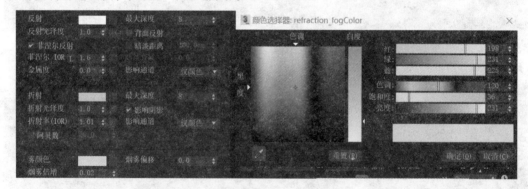

图 4-3-36

③按键盘上的 M 键弹出材质编辑器面板，设置名称为"磨砂玻璃"材质球，将该材质指定为 VRayMtl 材质类型。在【基本参数】卷展栏中，将【反射】和【折射】颜色全部设置为白色，让材质产生完全反射和完全折射的属性，勾选【菲涅尔反射】，使

玻璃产生透明阴影效果。调节【折射光泽度】数值为 0.85，【反射光泽度】数值为 0.6，即可模拟出真实的磨砂玻璃效果，如图 4-3-37、4-3-38 所示。

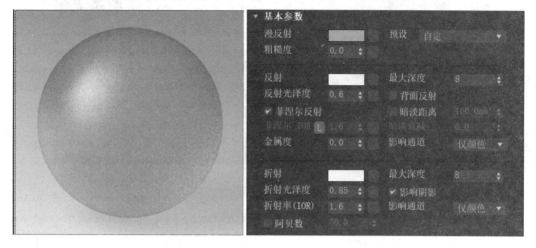

图 4-3-37　　　　　　　　　　　图 4-3-38

4.3.6　木纹材质设计

①木制材质是一种常用的物理材料，包括粗糙原木纹、亚光漆木纹、实木地板、镂空木格等多种材质。这里选取粗糙原木纹和实木地板进行讲解，如图 4-3-39、4-3-40 所示。

图 4-3-39　　　　　　　　　　　图 4-3-40

②按键盘上的 M 键弹出材质编辑器面板，设置名称为"木纹"的材质球，将该材质指定为 VRayMtl 材质类型。在【基本参数】卷展栏中，点击【漫反射】旁边的灰色按钮，添加一张木纹贴图素材，如图 4-3-41 所示。

图 4-3-41

③在【贴图】卷展栏中，在【凹凸】贴图通道里添加【VRay 凹凸法线】命令，如图 4-3-42、4-3-43 所示。继续在【VRay 凹凸法线】参数卷展栏中，给【凹凸贴图】通道添加一张木纹法线贴图，如图 4-3-44 所示，增强木纹的粗糙质感。

图 4-3-42   图 4-3-43

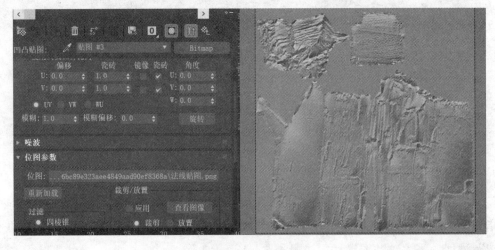

图 4-3-44

④实木地板的制作方法在于如何调节合适的反射率及木纹凹凸值，如图 4-3-45、4-3-46 所示。

图 4-3-45

图 4-3-46

⑤按键盘上的 M 键弹出材质编辑器面板，设置名称为"实木地板"的材质球，将该材质指定为 VRayMtl 材质类型。在【基本参数】卷展栏中，点击【漫反射】旁边的贴图通道按钮，添加一张木纹贴图素材，如图 4-3-47、4-3-48 所示。

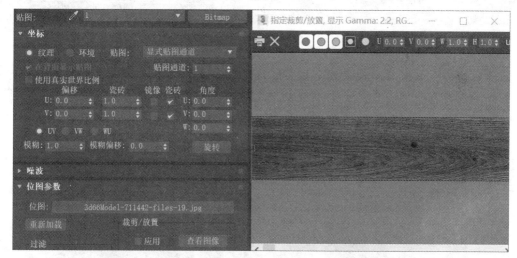

图 4-3-47

图 4-3-48

⑥将【反射光泽度】调节为 0.84，在【反射】贴图通道中加入【衰减】命令，在黑色颜色贴图通道中添加【Color Correction】命令，在【Color Correction】命令框中添加木纹贴图素材，如图 4-3-49、4-3-50、4-3-51、4-3-52 所示。

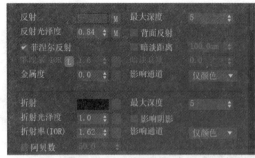

图 4-3-49　　　　　　　　　　　　　　　图 4-3-50

图 4-3-51　　　　　　　　　　　　　　　图 4-3-52

⑦返回到父层级，在【贴图】卷展栏中，将漫反射贴图通道的【Color Correction】贴图复制到【反射光泽度】和【凹凸】贴图通道中，强化实木地板的真实纹理质感，如图 4-3-53 所示。

贴图			
漫反射	100.0	✔	图 #30 （Color Correction
反射	100.0	✔	Map #3 （Falloff）
反射光泽度	25.0	✔	图 #34 （Color Correction
折射	100.0	✔	无贴图
折射光泽度	100.0	✔	无贴图
不透明度	100.0	✔	无贴图
凹凸	17.0	✔	图 #33 （Color Correction

图 4-3-53

4.3.7 石头材质设计

①在制作石头材质过程中，对其反射值、高光光泽度及反射光泽度进行设置至关重要，如图4-3-54、4-3-55所示。

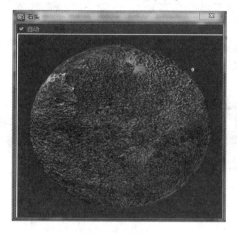 

图4-3-54 　　　　　　　　图4-3-55

②按键盘上的M键弹出材质编辑器面板，设置名称为"石头"的材质球，将该材质指定为VRayMtl材质类型。在【基本参数】卷展栏中，点击【漫反射】旁边的灰色按钮，添加一张石头贴图素材，如图4-3-56所示。

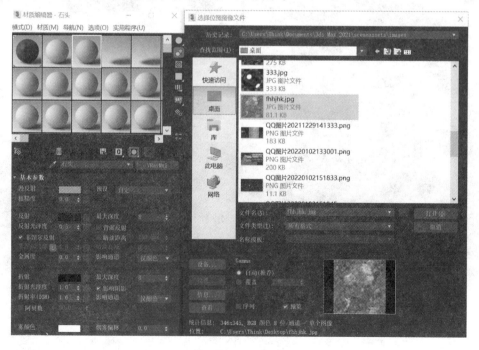

图4-3-56

③在【基本参数】卷展栏中，将【反射】颜色设置为如图所示的数值，让石头材质产生微弱反射特征，将【反射光泽度】调整为 0.5，如图 4-3-57 所示。

图 4-3-57

④返回到材质父层级，在【贴图】卷展栏中，在【凹凸】贴图通道中，贴入一张石头的黑白贴图素材，将其【凹凸】的程度改为 30，从而强化石头的真实纹理质感，如图 4-3-58 所示。

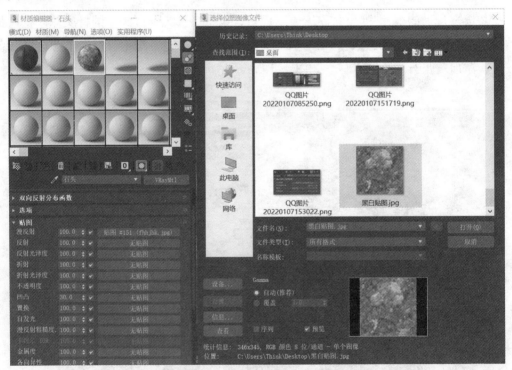

图 4-3-58

4.3.8 瓷砖墙面材质设计

①瓷砖材质也是三维场景中常见的材质，包括光滑的墙地砖、哑光砖、艺术瓷砖等，如图 4-3-59、4-3-60 所示。

图 4-3-59

图 4-3-60

②按键盘上的 M 键弹出材质编辑器面板，设置名称为"瓷砖"的材质球，将该材质指定为 VRayMtl 材质类型。在【基本参数】卷展栏中，点击【漫反射】旁边的贴图通道按钮，添加一张瓷砖贴图素材，如图 4-3-61、4-3-62 所示。

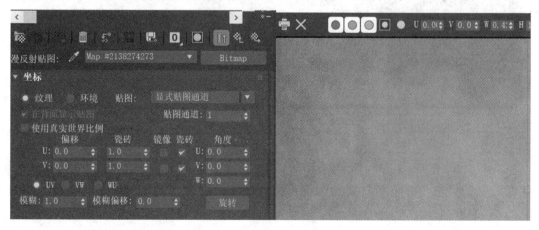

图 4-3-61

图 4-3-62

③在【基本参数】卷展栏中，将【反射】颜色设置为如图所示的数值，将【反射光泽度】调整为 0.8，【最大深度】为 5，在【基本参数】卷展栏中，点击【反射光泽度】旁边的贴图通道按钮，添加一张灰色瓷砖贴图素材，反射光泽度数值越大，模糊反射

的效果越强，如图 4-3-63、4-3-64 所示。

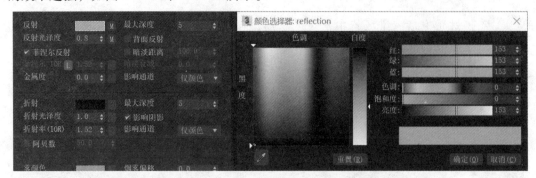

图 4-3-63

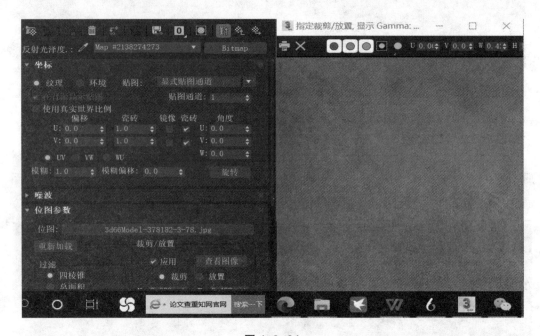

图 4-3-64

④在【基本参数】卷展栏中，点击【漫反射】旁边的贴图通道按钮，添加一张白色瓷砖贴图素材，并将该材质复制至【贴图】位图通道，强化瓷砖凹凸纹理，如图 4-3-65 所示。

图 4-3-65

4.3.9 水面材质设计

①水面材质要考虑颜色、透明度、反射度等诸多要素，同时要表现出真实水面的波动效果，如图 4-3-66、4-3-67 所示

图 4-3-66

图 4-3-67

②按键盘上的 M 键弹出材质编辑器面板，设置名称为"水面"的材质球，将该材质指定为 VRayMtl 材质类型。在【基本参数】卷展栏中，将【漫反射】、【反射】、【折射】、【雾颜色】的颜色全部改为白色，并将【折射率】改为 1.333，如图 4-3-68 所示。

图 4-3-68

③返回到材质父层级，在【贴图】卷展栏中，在【凹凸】贴图通道中，贴入【噪波】贴图，将噪波大小改为 100，类型改为规则，模拟水面波纹效果，如图 4-3-69、4-3-70 所示。

图 4-3-69　　　　　　　　　　　　图 4-3-70

本章小结

本章主要介绍 3ds Max 2021 材质编辑器对话框的使用方法和相关知识，重点讲解目前业界常用的 VRay 材质即贴图的使用方法。

思考与练习

1. 3dsMax2021 中常用的材质类型有哪几种？

2. 为物体赋予材质的常规制作流程是什么？

3. 双向反射分布函数卷展栏的作用是什么？

4. 如何控制水面材质的颜色和折射？

第五章　常用灯光与渲染输出

本章学习重点

· 了解常用灯光的类型和作用。

· 掌握各类 VRay 灯光的使用方法和参数设置方法。

· 掌握标准灯光及光度学灯光的基本应用。

· 理解 VRay 渲染器的基本参数和输出应用。

在 3ds Max 三维模型场景的设计与制作过程中，合理的灯光设置有助于作品情感的表达，没有光就没有形体和色彩的存在。灯光的使用不仅可以提供场景亮度值，提供真实的阴影效果，还可以场景中的物体作为模拟光源。另外，不同的灯光下，相同材质的物体所表现出来的质感也有所不同。

5.1　灯光类别

（1）自然光：主要以日光为主，多用于表现室外场景，目前在 3ds Max 中多运用 VRay 阳光模拟日光效果，改变方向和角度可以得到不同时段的光线变化效果，如图 5-1-1 所示。

图 5-1-1

（2）人造光：比如台灯、吊灯、灯带等。目前在 3ds Max 中多运用 VRay 光板、VRay IES 灯光、标准泛光灯、聚光灯以及光度学灯光来模拟此类灯光效果。此类灯光可以是主光配副光的组合，也可以是一组同类光源联合使用，如图 5-1-2 所示。

图 5-1-2

（3）环境光：环境光是一种低强度的光，由光线经过周围环境表面多次反射后形成的。在 3ds Max 中多运用目标平行光、VRay 环境光、环境贴图和控制 VRayGI 环境值来进行模拟，如图 5-1-3 所示。

图 5-1-3

5.2 VRay 灯光类型

3ds Max 中常用灯光分为 VRay 灯光、VRay 太阳光、VRayIES 灯光及 VRay 环境光。VRay 光源分类原则是根据生活中实际光源来源进行分类。VRay 太阳光用来模拟自然光，VRay 灯光和 VRayIES 灯光来模拟人造光源，VRay 环境光则用来模拟环境光源，如图 5-2-1 所示。

图 5-2-1

5.2.1 VRay 太阳光

VRay 太阳光与 VRay 天空环境贴图能模拟真实的太阳光和天空光效果。依据

115

VRay 太阳光位置的变化，可以使关联的 VRay 天空环境贴图也发生明暗与冷暖的变化。VRay 太阳光能模拟自然太阳光在一天中不同的时间所处不同位置产生的变化，包括亮度和色调。

①创建 VRay 太阳光时会弹出一个对话框，询问是否想自动添加 VRay 天空环境贴图，如图 5-2-2 所示。单击【是】按钮，用这张环境贴图来模拟天空的照明。

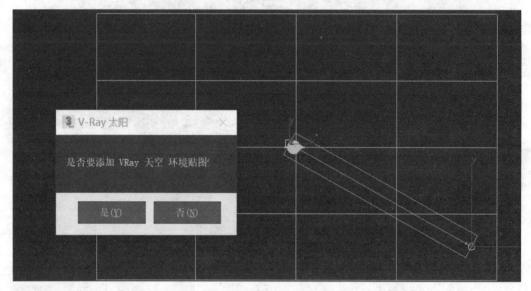

图 5-2-2

②在控制面板中调节 VRay 太阳光的位置，如图 5-2-3 所示。

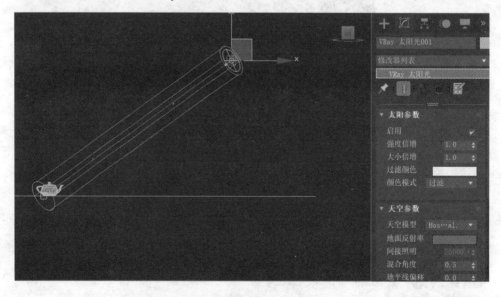

图 5-2-3

③调节 VRay 太阳光的各项主要参数，如图 5-2-4、5-2-5 所示。

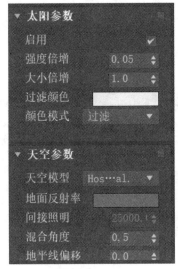

图 5-2-4　　　　　　　　　　图 5-2-5

VRay 太阳光主要参数：

【混浊度】　大气混浊程度的大小。我们看太阳时，因为太阳离我们的远近不同以及间隔的大气层厚度不同，呈现出不同颜色。清晨和黄昏太阳光在大气层中穿越的距离最大，大气的浊度最高，因而会呈现偏红色的光线。中午的浊度最小，因此会呈现白色光线。

【臭氧】　臭氧层的厚薄会决定到达地面的紫外线的多少，该选项一般不用设置。

【强度倍增】　控制光线的强弱。这是 VR 太阳最重要的调节项，根据需要进行增减。

【强度倍增】　尺寸倍增：太阳尺寸的大小。

【阴影细分】　数值越大产生的阴影质量越高。

【阴影偏移】　数值为 1 时阴影产生明显偏移，大于 1 时阴影远离投影物体，小于 1 时阴影靠近投影物体。

④渲染该场景，可以观察 VRay 太阳光效果，如图 5-2-6 所示。

图 5-2-6

⑤调整 VRay 天空环境贴图的参数。执行主菜单【渲染】，在其下拉菜单中选择【环境】命令，调节【颜色】为浅蓝色。按键盘上的 M 键，打开材质编辑器，将【环境贴图】以实例方式复制到材质编辑器的一个空白材质球上，方便对其参数进行调节，如图 5-2-7 所示。

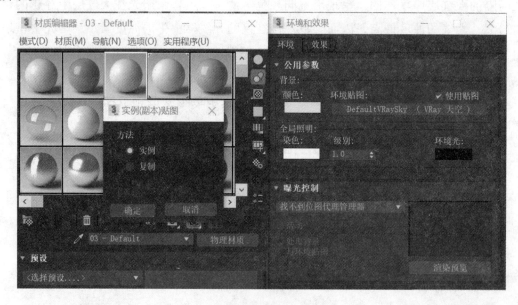

图 5-2-7

⑥在材质编辑器的【VRay 天空参数】卷展栏中，勾选【指定太阳节点】，将 VRay 天空环境贴图和 VRay 阳光关联，使 VRay 阳光的位置影响 VRay 天空环境贴图

的变化，调节【太阳强度倍增】值为 0.03，再次渲染视图，可以明显观察到 VRay 天空环境贴图对于物体颜色的影响，如图 5-2-8、5-2-9 所示。

图 5-2-8　　　　　　　　　　　　　图 5-2-9

5.2.2　VRay 灯光

VRay 光源能够很好地模拟灯带等呈片状的光照效果，也经常扮演三维场景辅助光的角色。VRay 光源的主要参数包括名称和颜色、常规、矩形灯 / 圆形灯、选项、采样、视口和高级选项八个选项组。其中经常使用的是常规、选项、采样三个选项组。下面来详细解释一下常规和选项这两个选项组的参数作用，如图 5-2-10、5-2-11、5-2-12所示。

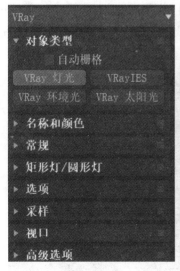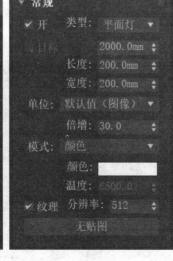

图 5-2-10　　　　　　　　　图 5-2-11　　　　　　　　　图 5-2-12

【常规】选项组常用参数作用：

【开】 打开或者关闭灯光。

【类型】 该盏灯光的类型有五种选择，分别代表五种灯光的形状。

【长度】 调节光板的长度参数值。

【宽度】 调节光板的宽度参数值。

【单位】 灯光的亮度单位，一般选择默认状态。

【倍增】 用于调整灯光的亮度值，数值越大，灯光越亮。

【颜色】 设置灯光的颜色，点击色块弹出颜色选择器，进行颜色选择。

【分辨率】 影响灯光的贴图精细度。

【选项】选项组常用参数作用：

【排除】 用来设置灯光包含或者排除对某些物体的照射。

【投射阴影】 决定模型受该灯光照射时，是否产生阴影。

【双面】 当 VRay 灯光为平面光源时，选中该选项，可以控制光线从两个面发射。

【不可见】 在渲染窗口中不可见灯光的形状。

【不衰减】 选中该复选框时，所产生的光线不会随距离而衰减。否则，光线将随距离而衰减。一般情况该复选框默认不选中。

【影响漫反射】 灯光影响到漫射区域，该复选框默认选中。

【影响高光】 灯光影响到高光区域，该复选框默认选中。

【影响反射】 灯光影响到反射区域，该复选框默认选中。

①在灯光列表中选择【VRay 灯光】，设置【颜色】为橙黄色，【倍增】值为 4.0，并勾选【不可见】，在前视图将 VRay 灯光放置在如图 5-2-13、5-2-14 所示的位置，并调节【长度】值和【宽度】值。

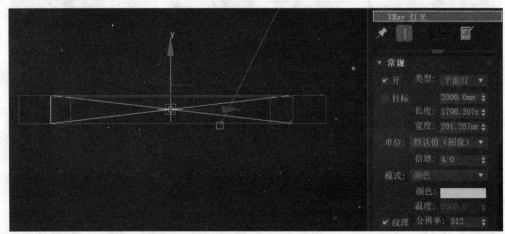

图 5-2-13

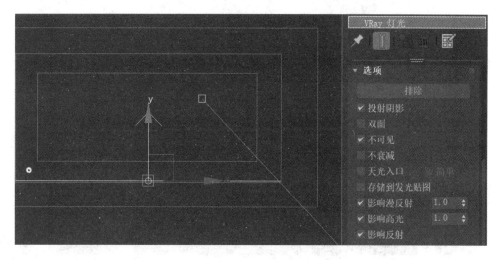

图 5-2-14

②渲染该吊顶物体，查看 VRay 灯光光照效果，如图 5-2-15 所示。

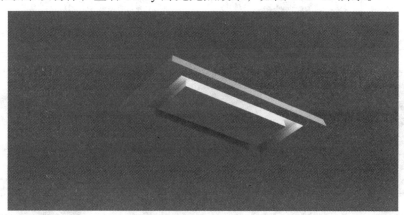

图 5-2-15

③选择该 VRay 灯光，在顶视图沿 Y 轴对称复制一个，选择主工具栏里的【镜像】
工具，选择【镜像轴】为 Y 轴，如图 5-1-16 所示。

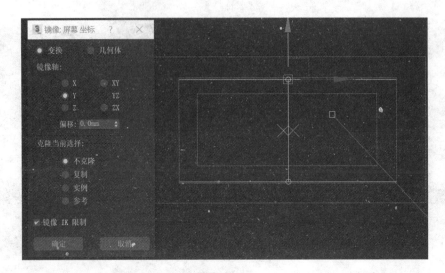

图 5-2-16

④按照该制作方法，将短边的 VRay 灯光也制作出来，并且在顶视图沿 X 轴对称复制一个，选择主工具栏里的【镜像】工具，选择【镜像轴】为 X 轴，最终吊顶灯带光照效果如图 5-2-17 所示。

图 5-2-17

5.2.3 VRayIES 灯光

IES 格式文件包含准确的光域网信息。光域网是光源的灯光强度分布的 3D 表示，平行光分布信息以 IES 格式存储在光度学数据文件中。VRayIES 设置参数如图 5-2-18、5-2-19 所示。

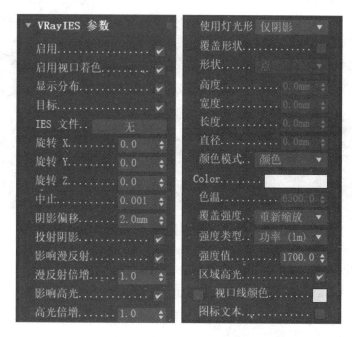

图 5-2-18   图 5-2-19

VRayIES 灯光常用参数作用：

【启用】 控制是否开启灯光。

【IES 文件】 载入光域网文件的通道。

【图形细分】 控制阴影的质量。

【颜色】 控制灯光产生的颜色。

【颜色模式】 颜色模式可以选择颜色和温度两种方式。其中在温度的方式中颜色单位是开尔文，数值越大颜色越接近冷色。室内的灯光一般选择 1500k-4500k 即可。

【强度类型】 功率控制 VRayIES 灯光的强度，数值越大，灯光越强；数值越小，灯光越弱。

【强度值】 控制灯光的照射强度。

光度学 Web 分布使用光域网定义分布灯光，可以加载各个制造商所提供的光度学数据文件，将其作为 Web 参数。在视口中，灯光对象就会更改为所选光度学 Web 的图形，如图 5-2-20 所示。

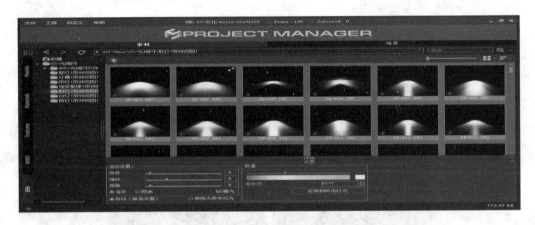

图 5-2-20

①在灯光列表中选择【VRay】灯光，在【对象类型】中选择【VRayIES】，给【VRayIES 参数】中【IES 文件】载入 IES 光域网文件，将灯光颜色改为浅黄色，灯光强度值改为 1300。在前视图将该 VRayIES 灯光移动到如图 5-2-21 所示的位置。

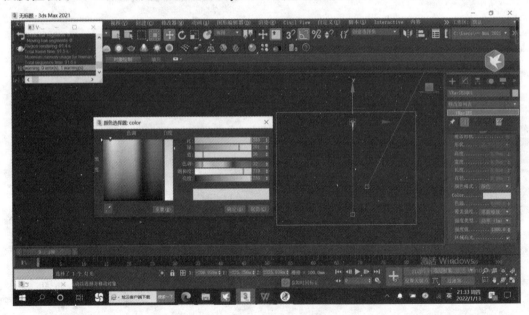

图 5-2-21

②渲染场景文件，观察 VRayIES 灯光效果，如图 5-2-22 所示。

图 5-2-22

5.3 标准灯光类型

标准灯光主要分为聚光灯、平行光、泛光灯以及天光四种类型，在标准灯光中，每种类型的灯光的参数都很相似，如图 5-3-1 所示。

图 5-3-1

标准灯光能够准确地控制灯光的照射范围。目标类的灯光和自由类的灯光主要区别在于目标类灯光有目标点，目标点的作用在于控制光照方向，目标平行光用来模拟太阳光。自由灯光的方向只能通过旋转自由灯光进行改变。以下讲解几种比较常用的标准灯光的使用方法：

5.3.1 目标平行光

目标平行光时，它的目标点长短并不影响灯光照射的结束位置。选中创建好的目标平行光灯头后，可以对目标平行光参数进行修改。此时选中的目标平行光有一个光圈，这个光圈就是它的照明范围。在光圈范围里的物体能照亮，在光圈范围以外的物体是无法被照亮的。

目标平行光的主要参数作用，如图 5-3-2、5-3-3 所示：

图 5-3-2   图 5-3-3

【启用】 当创建一盏灯，默认情况下启用是勾选的，灯光是起作用的。

【阴影】 默认情况下阴影没有开启，必须勾选启用阴影，对象就会产生投影。在阴影类别卷展栏中选择 VRayShadow 能够模拟逼真的阴影效果。

【倍增】 倍增值控制灯光的亮度。当灯光的倍增值为正值，提供照明，数值越大，灯光越亮。颜色：灯光参数中倍增后面的色块用来控制灯光的颜色。

【衰减】 近距衰减表示灯光由不可见到可见的强度的递增过程。远距衰减表示灯光由可见到不可见的强度的递减过程。

【平行光参数】 聚光区和衰减区就是用来控制光圈大小，即灯光的照明范围。灯光的光圈有两层，里面一层就是聚光区。外面一层叫衰减区。当聚光区保持不变，把衰减区放大，聚光区和衰减区之间会变成虚化。聚光区和衰减区之间的距离是用来决定它们之间衰减变化快慢的。

【显示光锥】 当不选灯的时候，光圈范围是看不到的。当选中这盏灯时，才能看到它的光圈。当勾选显示光锥后，不选择灯也能看到它的光圈范围。

【阴影参数】 可以改变阴影的颜色。阴影的密度表示阴影的透气性。

①在灯光列表中选择【标准灯光】，在前视图设置一盏目标平行光，将【阴影】改为 VRayShadow 类型，【倍增】值为 1.0，并在【VRayShadow 选项】中勾选在【区域阴影】，优化柔和阴影边缘，如图 5-3-4 所示。

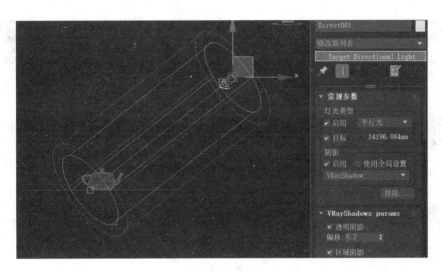

图 5-3-4

　　②在顶视图调整目标平行光的位置，通过改变聚光区和衰减区就是用来控制光圈大小，【聚光区】为 3000mm，【衰减区】为 4000mm，并将阴影密度改为 0.85，如图 5-3-5 所示。

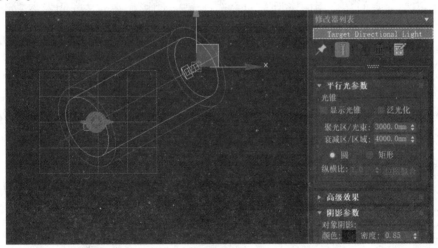

图 5-3-5

　　③渲染该灯光光效，如图 5-3-6 所示。

图 5-3-6

聚光灯的光照呈现锥形，平行光的光照呈现圆柱形，目标聚光灯的灯柱是发散的，在照射区域以外的范围不受灯光影响。目标聚光灯的灯头和目标点均可以调整，方向性非常好。一般使用目标聚光灯来制作距离较远的射灯。目标聚光灯的参数与目标平行光参数相似。它们在启用阴影后，如果选择 VR- 阴影，在 VRay 阴影参数设置中可以选择长方体和球体两种类型。

5.3.2　泛光灯

泛光灯是一种典型的点光源，类似于灯泡，以点为中心向四面八方发射灯光。泛光灯在室内外建筑效果图表现中比较常用，泛光灯在默认状态下是没有阴影的，在没开阴影的情况下，它能够穿透物体。泛光灯在没有开启近距衰减和远距衰减的时候，它的照射范围是无限的。泛光灯参数指近距衰减和远距衰减控制灯光的照射范围。远距衰减表示灯光强度从开始值到结束值逐渐消失的过程。近距衰减表示灯光从开始值到结束值逐渐变亮的过程。

①在灯光列表中选择【标准灯光】，在前视图设置一盏泛光灯，将【阴影】改为 VRayShadow 类型，【倍增】值为 1.0，并在【VRayShadow 选项】中勾选【区域阴影】，优化柔和阴影边缘，并勾选【远距衰减】的【使用】，数值设为 864mm，【显示】数值设为 5900mm，即 864mm--5900mm 范围为灯光衰减区域，如图 5-3-7 所示。

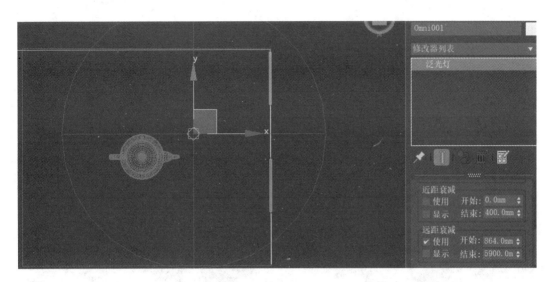

图 5-3-7

②渲染该灯光光效，墙面、地面及茶壶等物体均受到灯光衰减影响，如图 5-3-8 所示。

图 5-3-8

5.4　光度学灯光类型

光度学灯光主要包括了光域网、强度以及色温等类型的灯光，其可以根据光能传递以及对相关光线的跟踪确定出灯光的类型，从而提高灯光的真实性。光度学灯光可以创建各种温度和颜色特性的灯光。光度学灯光主要使用导入光度学文件，来模拟真实的灯光效果，它一般用于制作各类筒灯和射灯，也可作为补光使用，如图 5-4-1、5-4-2 所示的光域网文件渲染示例。

图 5-4-1

图 5-4-2

光度学灯光的主要参数作用，如图 5-4-3、5-4-4 所示：

图 5-4-3   图 5-4-4

【灯光分布】　在分布列表中选择光线在空间的分布方式，这些分布方式用于描述光线亮度在灯光周围的分布情况。其中最重要的分布方式是【光度学 Web】方式。该方式是通过一个指定的光域文件来确定灯光的分布形式。

【灯光型号列表】　在列表中选择常见灯光的规格，模拟真实灯光的光谱特征。

【开尔文】　开启该选项后，可以设置灯光颜色，调节色温的数值后右侧色彩框将显示当前灯光的颜色。

【过滤色】　为灯光添加一个滤色镜，例如白色灯光添加红色过滤色，则发射红色光。

【强度】　选择光度学灯光的亮度单位，并设置灯光强度值。

【Im】　选择该按钮，则意味设置光通位。光通量是指单位时间内抵达、离开或穿过表面的光能数量。

【Cd】　选择该按钮，则可以测量灯光的最大发光强度。发光强度是指单位时间内、特定方向上光源所发出的能量。一般情况下选择默认该选项。

【Ix】　选择该按钮，则可以测量被灯光照亮的表面面向光源方向上的照明度。

①在灯光列表中选择【标准灯光】，在前视图设置一盏目标灯光，将【阴影】改为 VRayShadow 类型，并在【灯光分布】中选择【光度学 Web】类型，如图 5-4-5 所示。

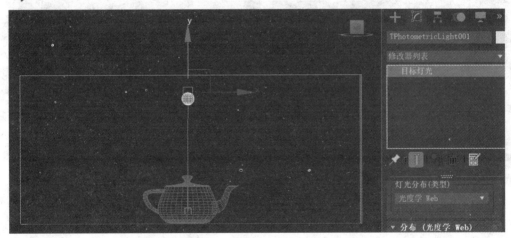

图 5-4-5

②在【分布（光度学 Web）】命令卷展栏中，点击【选择光度学文件】按钮，载入一个光度学文件，该文件可以从网络上下载获取，如图 5-4-6 所示。在顶视图继续调节灯光位置，使其靠近墙面，调节【过滤颜色】为浅黄色，并将灯光【强度】设置为 10000，如图 5-4-7 所示。

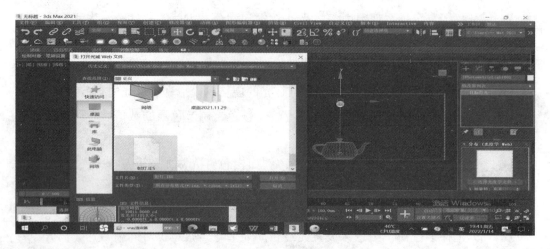

图 5-4-6

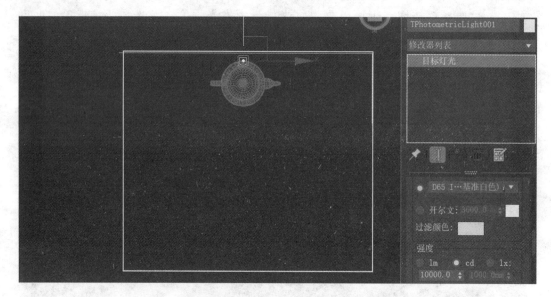

图 5-4-7

③渲染该灯光光效,墙面、地面及茶壶等物体均受到光度学灯光的影响,如图 5-4-8 所示。

图 5-4-8

5.5　VRay 渲染器与输出设置

　　VRay 渲染器目前已经推出 5.0 版本，随着 VRay 渲染器版本的不断更新，其功能也不断的完善，最主要的还是在渲染速度上有了很大的提升，在参数设置方面也更加的简便。

　　安装好 V-Ray5.0 后，可在渲染设置窗口的渲染器项中选择【V-Ray 5，hotfix2】，此时会在其下方显示 V-Ray 5 渲染器控制菜单栏选项，包括【公用】、【V-Ray 】、【GI】、【设置】和【Render Elements】五项，其中【公用】、【V-Ray 】和【GI】这三项使用频率最高，本节重点讲述这三个命令卷展栏。另外，单击【查看到渲染】选项右边的锁图标，可以锁定已经选择的渲染视图，如图 5-5-1 所示。

图 5-5-1

　　【公用】卷展栏主要用来设置三维场景最终渲染图像的大小、宽度高度、纵横比、帧数、文件存储路径等参数，注意图片存储格式我们通常保存为"TIF"格式，如图 5-5-2、5-5-3 所示。

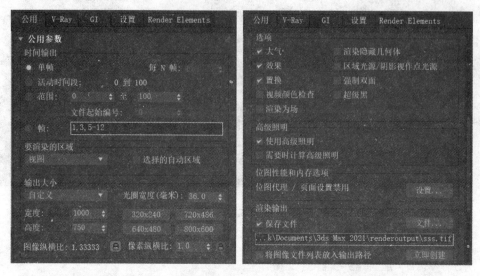

图 5-5-2   图 5-5-3

【V-Ray】卷展栏包括【帧缓存区】、【全局开关】、【IPR选项】、【图像采样器（抗锯齿）】、【渐进式图像采样器】、【图像过滤器】、【全局DMC】、【环境】、【颜色映射】、【摄像机】这十个选项，其中【帧缓存区】、【全局开关】、【渐进式图像采样器】、【图像过滤器】、【环境】、【颜色映射】这六项十分重要，以下将做详细介绍，如图 5-5-4 所示。

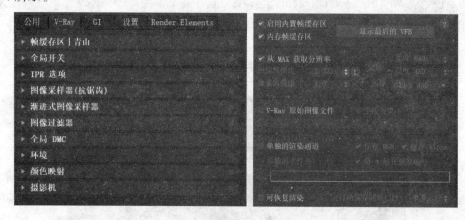

图 5-5-4   图 5-5-5

【帧缓存区】主要参数作用，如图 5-5-5 所示。

【启用内置帧缓存区】默认勾选，即使用 VRay 渲染器。

【内存帧缓存区】默认勾选，即创建一个 VRay 帧缓存窗口，用来在渲染过程和渲染结束后看到图像变化。

【V-Ray 原始图像文件】勾选该选项，在渲染过程中可以将原始图像数据写入硬盘。

【可恢复渲染】勾选该选项，当前帧存在可恢复渲染文件，渲染会从它恢复渲染。

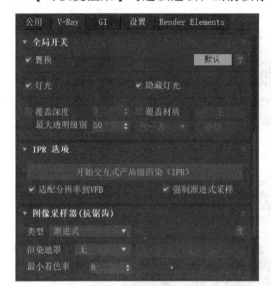

图 5-5-6

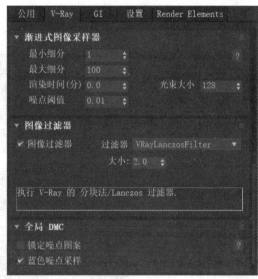

图 5-5-7

【全局开关】、【IPR 选项】及【图像采样器（抗锯齿）】主要参数作用，如图 5-2-6 所示。

【覆盖深度】用来限制全局的反射和折射深度。

【隐藏灯光】勾选该选项，隐藏的灯光不会参与渲染。

【覆盖材质】勾选该选项，在渲染时以某种材质代替场景中的所有材质，适用于快速调整场景材质及布光。

【适配分辨率到 VBF】勾选该选项，渲染的分辨率会匹配当前 VFB 的窗口大小。

【强制渐进式采样】勾选该选项，不论选择哪种图像采样器，强制 IPR 使用渐进式采样。

【渐进式】图像采样器能够一次处理整张渲染图像，渐进式与非渐进式的区别在于在渲染时一个有渲染块，一个无渲染块。

【渲染遮罩】通过选择纹理或图层等选项，可以对场景中特定对象进行渲染。

【渐进式图像采样器】、【图像过滤器】主要参数作用，如图 5-5-7 所示。

【最小细分】控制图像采样数量的最低值。

【最大细分】控制图像采样数量的最高值。

【噪点阀值】控制图像达到的噪点级别。

【过滤器】通常是测试时关闭抗锯齿过滤器，最终渲染选 mitchell-netravali 或 catmull rom 过滤器。mitchell-netravali 过滤器可得到较平滑的图像，而 catmull rom 过滤器可得到清晰锐利的图像，该选项十分重要。

【环境】及【颜色映射】主要参数作用，如图 5-5-8 所示。

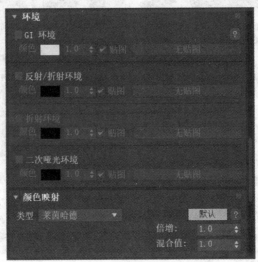

图 5-5-8

【GI 环境】勾选该选项后，可以打开 VR 的天光。

【GI 颜色】天光的颜色。

【GI 倍增】调整天光的亮度，数值越大，亮度越高。

【GI 贴图通道】给天光添加不同的贴图来模拟光照，该贴图通道内通常添加 VR HDR 贴图及位图贴图。注意 HDR 贴图需要实例给材质球，再进行调整。

【反射 / 折射环境】勾选该选项后，开启 VR 的反射环境控制。

【反射 / 折射颜色】设置反射环境的颜色。

【反射 / 折射倍增】反射环境亮度的倍增，数值越高，折射环境的亮度越高。

【反射 / 折射贴图通道】可以选择不同的贴图来模拟反射环境。

【折射环境】勾选该选项后，能开启 VR 折射环境控制。

【折射颜色】折射环境的颜色。

【折射倍增】折射环境亮度的倍增，数值越高，折射环境的亮度越高。

【折射贴图通道】可以选择不同的贴图来模拟折射环境。

【颜色映射 – 线性倍增】这种模式将基于最终图像色彩的亮度来进行简单的倍增，

但是这种模式可能会导致靠近光源的点过分明亮，需要控制好场景中各种灯光的数值。

【颜色映射 – 指数倍增】这个模式善于平衡画面明暗关系，能控制好光源周围区域容易曝光的情况，该模式对后期图像 PS 处理调节有帮助，也是最常使用的一种映射方式。

【GI】卷展栏中启用 GI 后，场景可以得到间接照明光效。开启间接照明后，光线会在物体之间相互反弹，这时的光线计算会更加准确真实。一般我们将【主要引擎】设置为发光贴图，【辅助引擎】设置为灯光缓存。【发光贴图】是指三维空间中的任意一点以及全部可能照射到这点的光线，这是【主要引擎】最常用的全局光引擎。【灯光缓存】的光线路径与【发光贴图】是相反的，【发光贴图】的光线追踪方向是从光源发射到场景的模型中，而【灯光缓存】是从摄影机开始追踪光线到光源，摄影机追踪光线的数量就是【灯光缓存】的最后精度，所以最后的渲染时间与渲染图像的像素没有关系，一般适用于二次反弹，即辅助引擎。

【发光贴图】和【灯光缓存】主要参数作用，如图 5-5-9、5-5-10 所示。

【当前预设】在渲染草图时，选择低，这是一种低精度模式，主要用于测试场景光线。渲染最终图像时，选择非常高，渲染高品质图像。

【细分】该参数就是用来模拟光线的数量，数值越高，场景表现的光线越多，那么图像精度就越高，渲染的品质越好，同时渲染时间也会增加。

【插值采样】该参数是对样本进行模糊处理，较大的值可以得到比较模糊的效果，较小的值可以得到比较锐利的效果。

【最小比率】控制场景中平坦区域的采样数量。0 表示计算区域的每个点都有样本；–1 表示计算区域的 1/2 是样本；–2 表示计算区域的 1/4 是样本。

【最大速率】该数值控制场景中的物体边线、角落、阴影等细节的采样数量。0 表示计算区域的每个点都有样本；–1 表示计算区域的 1/2 是样本；–2 表示计算区域的 1/4 是样本。

【采样大小】用来控制灯光缓存的样本大小，比较小的样本可以得到更多的细节。

【显示计算相位】勾选该选项，可以显示灯光缓存和发光贴图的计算过程，方便观察。

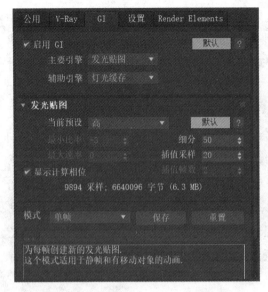 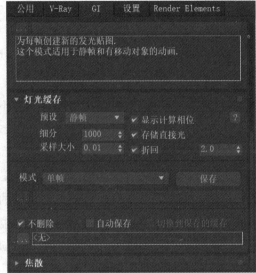

图 5-5-9   图 5-5-10

【模式】 该卷展栏中有 8 种存储渲染光子图的模式，如图 5-5-11 所示。

【单帧】 一般用来渲染静帧图像。

【多帧增量】 用于渲染仅有摄影机移动的动画。当 VRay 计算完第 1 帧的光子后，在后面的帧数里，会根据第 1 帧里没有的光子信息进行新计算，可以节约渲染时间。

【从文件】 当渲染完光子图以后，会将其保存。当正式渲染静帧成品图时，调用保存的光子图进行动画计算。

【添加到当前贴图】 当渲染完一个场景角度的时候，将摄影机转向新的角度再全新计算新角度的光子，最后把这两次的光子叠加起来，保证光子信息更丰富、更准确，同时也可以进行多次叠加，适合建筑动画多帧的渲染。

【增量添加到当前贴图】这个模式和"添加到当前贴图"相似，它不是全新计算新角度的光子，是只对没有计算过的区域进行新的计算。

【块模式】把整个图分成块来计算，渲染完一个块再进行下一个块的计算。主要用于网络渲染，速度比其他方式要快。

【动画 (预处理)】适合动画预览，使用这种模式要预先保存好光子贴图。

【动画 (渲染)】适合最终动画渲染，这种模式要预先保存好光子贴图。

138

图 5-5-11

本章小结

本章介绍了常用的几类灯光的使用方法，主要包括 VRay 灯光、标准灯光以及光度学灯光，并介绍了在场景中如何布光的过程。讲解了 VRay 渲染器的基本参数设置及渲染方法。

思考与练习

1. 3dsMax2021 中常用灯光的基本特征是什么？

2. 在实际的制作过程中，如何合理地运用灯光？

3. 如果最终渲染的图像需要清晰锐利的效果，我们应该选择哪一种过滤器？

4. VRay 渲染器的【主要引擎】和【辅助引擎】应该如何设置？

3ds Max

第六章　三维模型设计实训案例

本章通过三维仿真模型案例的全面的过程性解析，系统性地进行了 3ds Max 2021 技术路径的全面整合式学习。通过这种课堂案例实训，将本书各章节所讲授的重点内容进一步巩固和吸收，使学生在实际的项目流程与进度要求中，逐步提升自身综合素养和专业技能。学生通过参与整个实训案例全过程的学习，实战锻炼，启发学生运用相关技术手段和方法解决具体问题的能力。

6.1　案例 1　中式传统建筑三维模型设计

任务内容：设计制作完成中式传统建筑仿真模型。

任务目标：1. 掌握室外建筑模型的建模流程。

　　　　　　2. 具备模型的空间构架与整合能力。

　　　　　　3. 掌握完成不同类型的建筑材质编辑。

任务要求：1. 建模思路清晰明确有序。

　　　　　　2. 室外结构模型尺寸精准。

　　　　　　3. 模型材质 UVW 贴图绑定准确，材质表现真实细腻。

6.1.1　中式传统建筑模型设计

中式传统建筑既存在着木构架体系与其他建筑体系之间并存、共处、相互渗透的多元一体现象，也存在着木构架体系内部统一的构筑形态与不同的地方特色熔于一炉的多元一体现象。在这种双重含义的多元一体中，木构架体系的主体地位显得分外突出，在很大程度上成为中国古代传统建筑的典型样本。

6.1.1.1　基础平梁、檐柱模型设计

①首先制作中式传统建筑台基。在【创建】控制面板中单击【长方体】命令，创

建一个长方体物体，其参数设置如图 6-1-1、6-1-2 所示。

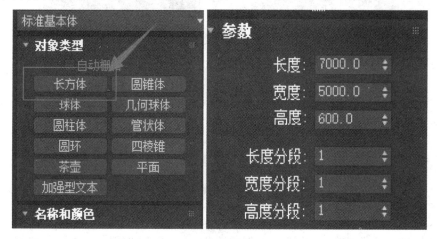

图 6-1-1　　　　　　　　　　　　图 6-1-2

②点击鼠标右键，在弹出的快捷菜单中选择【转换为可编辑多边形】命令，如图 6-1-3 所示，将刚才创建好的长方体物体转化为可编辑的多边形。

图 6-1-3　　　　　　　图 6-1-4　　　　　　　图 6-1-5

③选择修改器控制面板中的【选择】卷展栏，点击【多边形】控制面板，进入【多边形】次物体【面】层级。在透视视图中选择该立方体四周的面，并在【编辑多边形】卷展栏中选择【插入】选项，在弹出的对话框中设置【插入】的参数值为 70，如图 6-1-4、6-1-5 所示。继续单击【挤出】按钮，在弹出的对话框中设置【挤出】参数值为 -70，如图 6-1-6、6-1-7 所示。

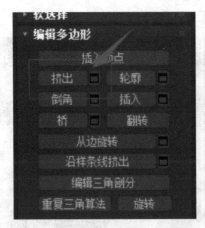

图 6-1-6　　　　　　　　　　　　图 6-1-7

④制作建筑承重内柱。继续在【创建】控制面板中选择【长方体】按钮，在顶视图创建一个长方体，其参数如图 6-1-8、6-1-9 所示。

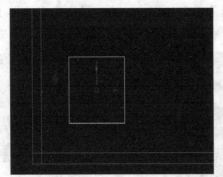

图 6-1-8　　　　　　　　　　　　图 6-1-9

⑤在【创建】控制面板中选择【圆柱体】，创建一个圆柱体，其参数如图 6-1-10、6-1-11 所示。

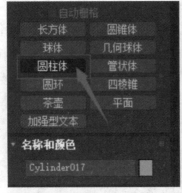

图 6-1-10　　　　　　　　　　　图 6-1-11

⑥点击鼠标右键，在弹出的快捷菜单中选择【转换为可编辑多边形】命令，将圆柱体转化为可编辑的多边形。点击【编辑几何体】中的【附加】选项，将圆柱体和长方体附加到一起，如图6-1-12、6-1-13所示。

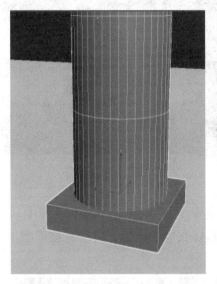
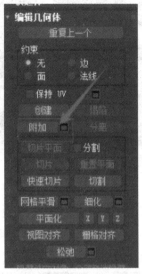

图 6-1-12   图 6-1-13

⑦打开控制面板中的【选择】卷展栏，点击【多边形】命令，将圆柱体底面和长方体之间的平面删除。继续点击【边界】子层级，选择被删除的多边形的边界，在命令面板中选择【编辑边界】工具，点击【桥】命令，设置参数如图6-1-14、6-1-15所示。

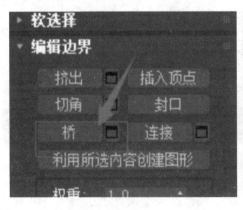
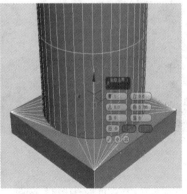

图 6-1-14   图 6-1-15

⑧选择圆柱体Cylinder001物体，在修改面板中的【选择】中点击【顶点】命令，将其移动到合适的位置。点击修改器列表，在下拉菜单中选择【FFD2x2x2】命令，并

且点击【FFD2x2x2】的子层级【控制点】命令，对其进行相应的调整，随后将其转化为可编辑多边形，如图 6-1-16、6-1-17 所示。

 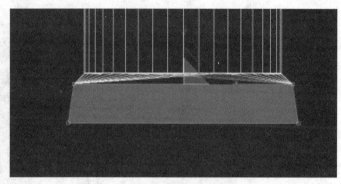

图 6-1-16   图 6-1-17

⑨在工具栏中选择【选择并移动】命令，点击 Cylinder001 物体，按住 shift 同时进行横向复制，复制承重内柱，并调整好相应的位置，将所有柱子附加在一起，最终效果如图 6-1-18 所示。

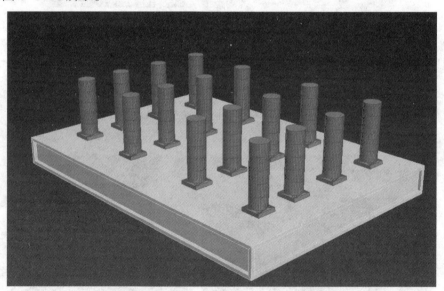

图 6-1-18

⑩选择修改控制面板中的【选择】卷展栏，点击【顶点】子层级，沿着坐标 Z 轴调整中间部分内柱的高度，如图 6-1-19 所示。

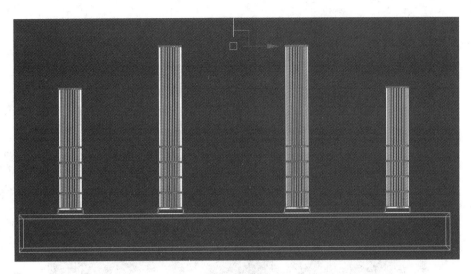

图 6-1-19

⑪ 在【创建控制】面板中单击【长方体】类型，创建一个长方体物体当作房梁，并将其【转化为可编辑多边形】，在修改面板中的【选择】卷展栏中，点击【顶点】子层级，调整其大小位置，如图 6-1-20、6-1-21 所示。

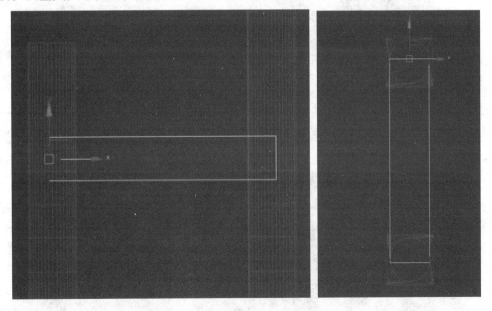

图 6-1-20   图 6-1-21

⑫ 选择新建的长方体 Box002，在修改面板【选择】卷展栏中点击【多边形】层级。在【编辑多边形】中选择【插入】命令，完成后点击【挤出】命令，参数如图 6-1-22、6-1-23 所示。再将完成的房梁模型复制一个，如图 6-1-24 所示。

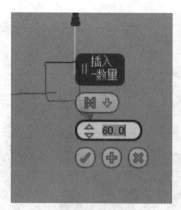
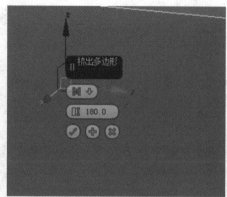

图 6-1-22   图 6-1-23

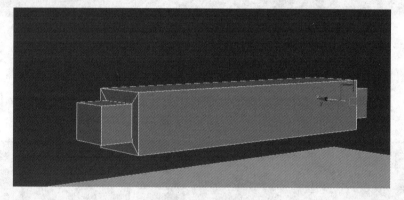

图 6-1-24

⑬再次新建一个长方体物体，将其【转换为可编辑多边形】，在修改面板【选择】中点击【多边形】命令层级。在【编辑多边形】菜单中选择【插入】命令，完成后点击【挤出】命令，如图 6-1-25、6-1-26 所示。

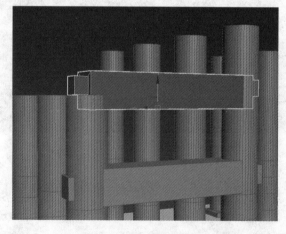
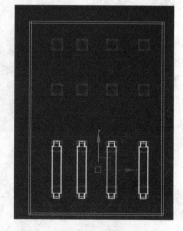

图 6-1-25   图 6-1-26

146

⑭ 继续新建长方体和一个圆柱体，并且将其【转换为可编辑多边形】，继续在修改面板【选择】中点击【顶点】子层级，调整其顶点位置，使其成为横梁构建，并进行编组操作，效果如图 6-1-27 中所示。选择在步骤 13 中复制的长方体，在【修改面板】中点击【顶点】子层级，调整其长度，效果如图 6-1-28 所示。

图 6-1-27

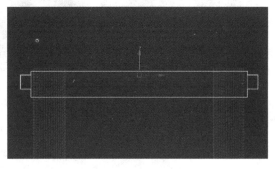

图 6-1-28

⑮ 将横梁模型进行复制，通过在【修改面板】中点击【顶点】次层级调整其长度，再通过【修改面板】中的【边】次层级选择长方体底部的边，并右键点击【连接】命令，效果如图 6-1-29 所示。继续在【修改面板】中选择【多边形】命令，选择底部的两个面，在【编辑多边形】控制面板中选择【插入】命令，其具体参数如图 6-1-30 所示，并在【编辑多边形】中选择【挤出】命令，其具体参数如图 6-1-31 所示。最后在【修改面板】中选择【顶点】次层级，修改其大小，效果如图 6-1-32 所示。

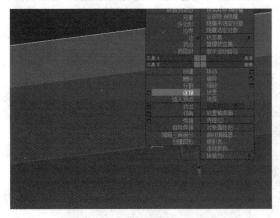

图 6-1-29

图 6-1-30

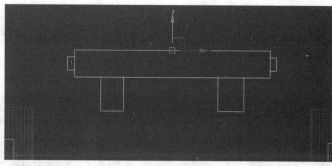

图 6-1-31   图 6-1-32

⑯ 制作脊梁柱模型。创建三个新的长方体物体，鼠标右键将三个长方体【转换为可编辑多边形】，并且调整其位置及大小，效果如图 6-1-33、6-1-34、6-1-35、6-1-36 所示。

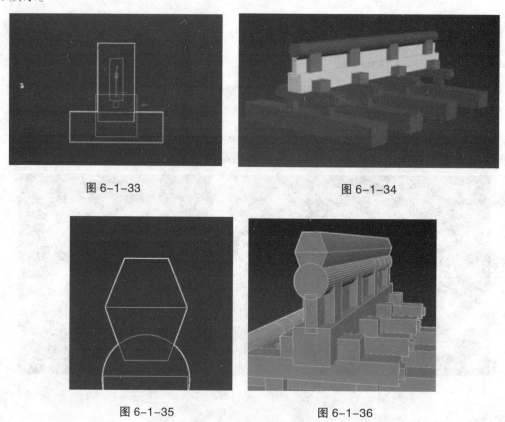

图 6-1-33   图 6-1-34

图 6-1-35   图 6-1-36

⑰ 中式传统建筑梁柱基础构架制作完成，如图 6-1-37、6-1-38 所示。

图 6-1-37   图 6-1-38

6.1.1.2 檐椽、清水脊和瓦作模型设计

①在【创建】控制面板中，创建一个长方体，在工具栏选择【旋转】工具，将其【转换为可编辑多边形】后，通过【修改面板】中选择【顶点】次层级进行修改，按住 Shift 进行复制，效果如图 6-1-39、6-1-40 所示。

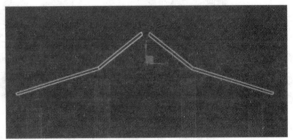

图 6-1-39   图 6-1-40

②创建一个长方体，将其转换为【可编辑多边形】，将其修改为檐椽下半部分大小，再通过【修改面板】中的【边】子层级，右键【连接】命令。调整后通过【多边形】面板选择【面】子层级，在【选择】界面进行【挤出】命令，效果如图 6-1-41 所示。继续创建【圆柱体】，将其【转换为可编辑多边形】，按照屋顶的轮廓进行修改。并通过【修改面板】中的【多边形】面板选择两端的面，在【编辑多边形】中点击【插入】命令，并进行【挤出】操作，具体效果如图 6-1-42 所示。

149

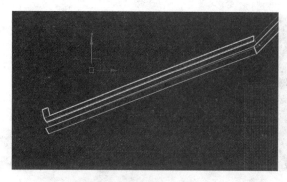

图 6-1-41

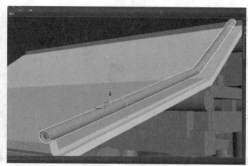

图 6-1-42

③将此物体按住 shift 进行相应的复制与移动，效果如图 6-43、6-44 所示。

图 6-1-43

图 6-1-44

④创建一个圆柱体，设置其参数，将其【转换为可编辑多边形】，在修改选项中选择【多边形】面板，选择两端的面，进行【插入】命令，并进行【挤出】操作，之后在修改选项中选择【顶点】次层级，进行相对修改，最终效果如图 6-1-45 所示。在【创建】面板中选择【样条线】工具，在【对象类型】中选择【线】次层级选项，沿檐椽画出如图 6-1-46 所示形状。

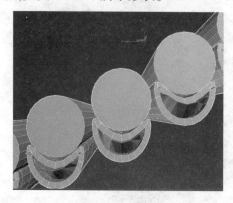

图 6-1-45

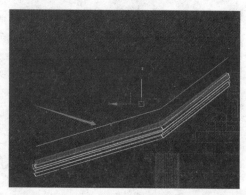

图 6-1-46

⑤先点击之前制作好的圆柱体，使用快捷键【shift+i】打开间隔工具，点击【拾取路径】命令，之后点击沿房檐所画的样条线，通过更改【计数】选项中的数字增加圆柱体数量，最终效果如图 6-1-47、6-1-48 所示。

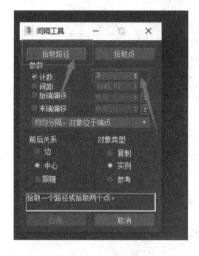

图 6-1-47

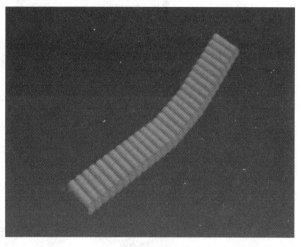

图 6-1-48

⑥选择做好的清水脊和瓦作模型，按住【shift】进行复制至指定位置，最终效果如图 6-1-49 所示。

图 6-1-49

6.1.1.3　垂脊模型设计

①首先创建两条新的样条线，如图 6-1-50、6-1-51 所示。

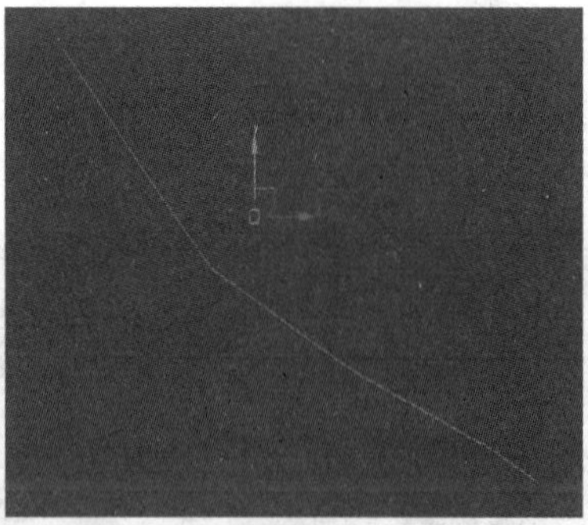

图 6-1-50

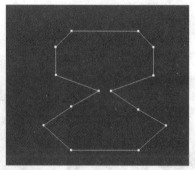

图 6-1-51

②点选 6-1-51 所示的闭合截面，在创建面板打开【复合对象】工具中的【放样】命令，并在【创建方法】中选取【获取路径】按钮，拾取图 6-1-50 所示的样条线，调整物体角度，得到如图 6-1-52、6-1-53 所示垂脊效果。

图 6-1-52

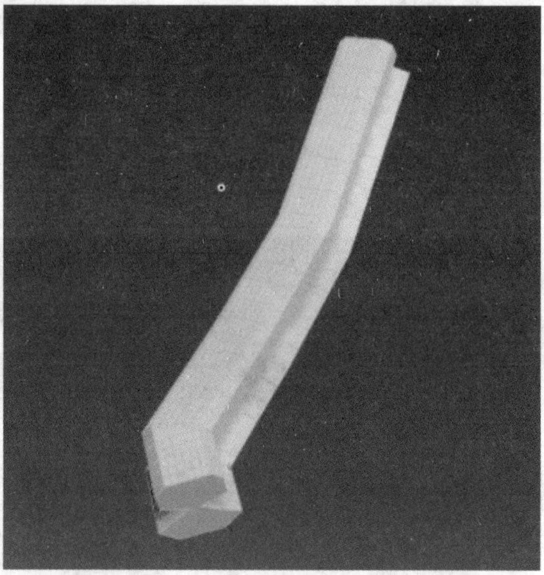

图 6-1-53

③通过与上一步同样的方法，再次做出一个圆形截面，并将其附加至一起。最终效果如图 6-1-54。

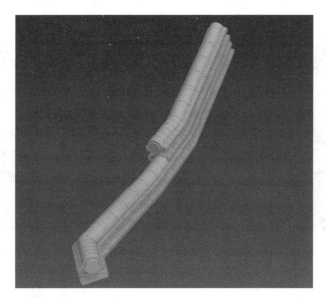

图 6-1-54

④将所制作的垂脊附加至一起，并且放置在与檐椽相对应的位置，并用 shift 进行复制，放置在房顶的四个方向，如图 6-1-55、6-1-56 所示。

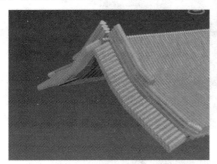 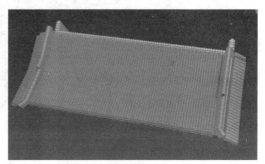

图 6-1-55 　　　　　　　　　　　　　　图 6-1-56

6.1.1.4　正脊模型设计

①在【创建】面板中选择【样条线】控制面板，在【对象类型】中选择【线】工具选项，画出如图 6-1-57 所示的形状。选择该样条线，进行镜像操作，具体选项及最终效果如图 6-1-58、6-1-59、6-1-60 所示。

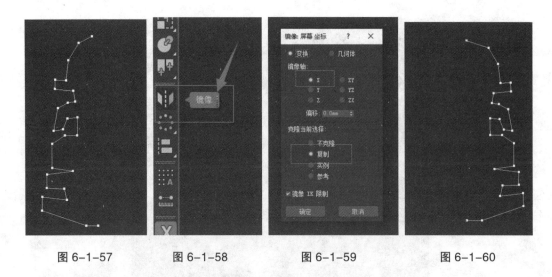

图 6-1-57   图 6-1-58   图 6-1-59   图 6-1-60

②将两条样条线附加至一起，并且点击相邻顶点，在【几何体】选项中选择【焊接】命令，最终效果如图 6-1-61、6-1-62 所示。

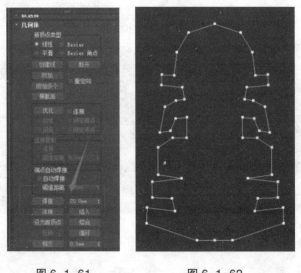

图 6-1-61   图 6-1-62

③对附加完成的样条线进行【挤出】命令操作，最终正脊模型效果如图 6-1-63 所示。将已经挤出的正脊模型构建放置在合适的位置，最终位置如图 6-1-64、6-1-65 所示。

图 6-1-63　　　　　　　图 6-1-64　　　　　　　图 6-1-65

6.1.1.5　鸥尾模型设计

①新建一个圆柱体，调整其参数，如图 6-1-65 所示，并右键点击【转换为可编辑多边形】，继续在修改面板中的【选择】面板中，点击【多边形】中的【顶点】子层级，选择顶部的平面。点击【选择并均匀缩放】，并将顶部的面进行缩小。最终效果如图 6-1-67 所示。

图 6-1-66

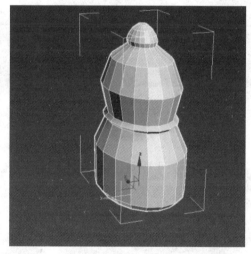

图 6-1-67

②在【创建面板】中的【样条线】类型中选择【线】工具，并画出如图 6-1-68 所示的鸥尾造型，并进行【挤出】操作，挤出完成后效果如图 6-1-69 所示。

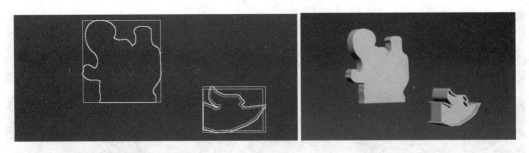

图 6-1-68 　　　　　　　　　　　　图 6-1-69

③创建一个长方体，设置其参数并移动其位置至如图 6-1-70 所示效果，并将其移动至如图 6-1-71 所示的相应位置。

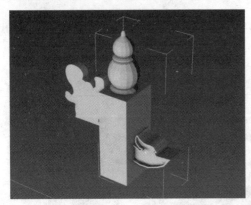

图 6-1-70 　　　　　　　　　　　　图 6-1-71

6.1.1.6　六抹头格扇模型设计

①在【创建面板】中点击【平面】工具，创建一个平面，将其【长度分段】设置为 1，【宽度分段】设置为 3，并右键点击【转换为可编辑多边形】，效果如图 6-1-72、6-1-73 所示。

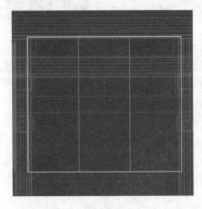

图 6-1-72 　　　　　　　　　　　　图 6-1-73

②在【修改面板】中的【选择】中点击【多边形】，选择三个面，在【编辑多边形】中点击【插入】命令，最终边框效果如图 6-1-74 所示。选择如图 6-1-75 所示的三个边框面，将其删除。

图 6-1-74

图 6-1-75

③在【创建面板】中，选择【样条线】中的【圆】，创建一个圆，在【修改面板】中的【差值】命令中将【步数】改为 1，并将此圆形进行旋转，将其作为榫心的基础元素，效果如图 6-1-76 所示。右键点击【转换为可编辑样条线】，在【选择】中点击【样条线】工具，在下方【几何体】点击【轮廓】按钮，之后进行【挤出】操作，最终榫心的三维效果如图 6-1-77 所示。

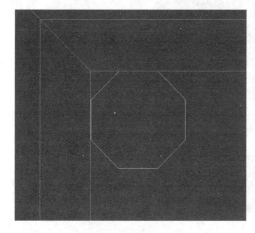

图 6-1-76

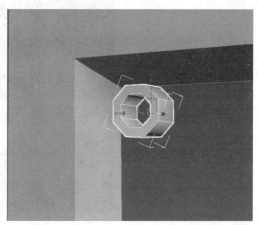

图 6-1-77

④点击将做好的榫心基础元素，按住【shift】键进行复制，最终效果如图 6-1-78 所示。

图 6-1-78

⑤创建一条新的样条线，在【几何体】中选择【轮廓】命令，再进行【挤出】操作，并按住【shift】键进行复制，右键选择【转换为可编辑多边形】，将所有几何体附加至一起，最终效果如图 6-1-79 所示。

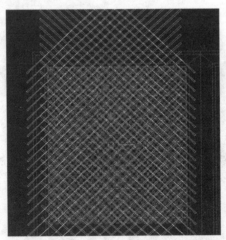

图 6-1-79

⑥在【创建面板】中选择【矩形】工具，将其与上一步中的多边形放置在一起，之后进行【挤出】操作。点击矩形，在【创建面板】中的【复合对象】点击【布尔】命令操作。在【运算对象】中选择几何体和矩形，在【运算对象参数】中点击【交集】操作，具体参数与最终效果如图 6-1-80、6-1-81、6-1-82 所示。

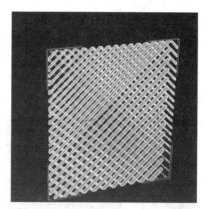

图 6-1-80　　　　　　　　图 6-1-81　　　　　　　　图 6-1-82

⑦将此几何体挪至相应位置，并且在其他柱体之间按同样方法制作，最终六抹头格扇效果如图 6-1-83 所示。

图 6-1-83

⑧该模型其它构件的制作方法与这些建筑构件基本相同，在这里不再赘述，最终中式传统建筑三维模型造型，如图 6-1-84 所示。

图 6-1-84

6.1.2 场景摄像机及灯光设计

6.1.2.1 摄像机设置

①在顶视图创建摄像机的位置，选择目标摄像机，调节摄像机在顶视图的位置，如图 6-1-85、6-1-86 所示。

图 6-1-85

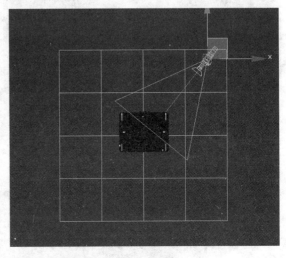

图 6-1-86

②在左视图调节摄像机的高度，调节完成后将透视图点选 C 键切换为摄像机视图，摄像机【参数】中调节镜头数值为 35mm，最后右键摄像机机身，在弹出的菜单中选择【应用摄像机校正修改器】、如图 6-1-87、6-1-88 所示。

图 6-1-87

图 6-1-88

6.1.2.2 渲染器初步设置

①在主菜单栏中选择【渲染】菜单下的【渲染设置】，在【渲染设置】中将【输出大小】的宽度值设置为 480，高度值设置为 640，并且锁定图像纵横比为 1.3333。在

160

【渲染】菜单下【渲染器】的产品级列表选择按钮中选择 V-ray 5 渲染器，如图 6-1-89 所示。

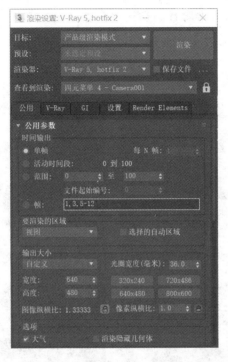

图 6-1-89

②在摄像机视图左上角，单击右键显示出视角切换菜单，点击【显示安全框】命令，视图中可见尺寸更改为正确的渲染可视尺寸，如图 6-1-90 所示。

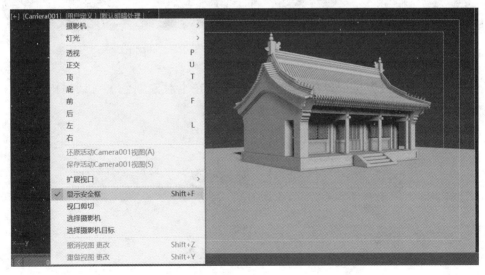

图 6-1-90

③在 VRay 渲染器中的【VR 基项】卷展栏中，取消勾选【隐藏灯光】选项，在【GI】菜单栏下的【全局照明】卷展栏中，勾选【启用 GI】按钮，【发光贴图】卷展栏中，更改【当前预置】为【低】，勾选选项命令框下的【显示计算过程】选项，如图 6-1-91 所示。在【灯光缓冲】卷展栏中，更改【细分】为【1000】，勾选选项命令框下的【显示计算相位】选项，如图 6-1-92 所示。

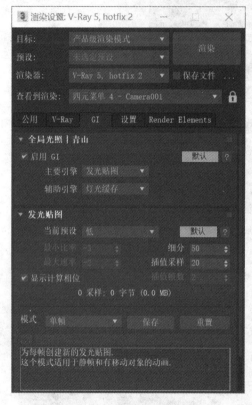

图 6-1-91

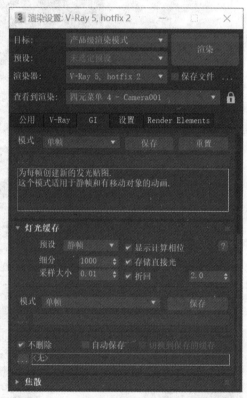

图 6-1-92

④将场景中除摄像机以外的物体全部选中，在【对象颜色】对话框中选择白色，全部赋予白颜色，如图 6-1-93 所示。

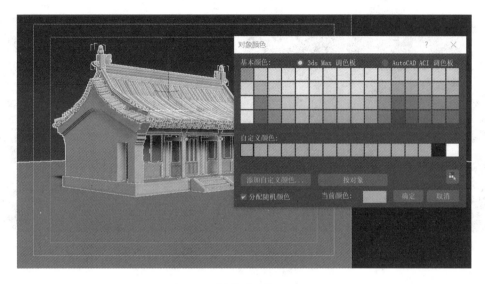

图 6-1-93

6.1.2.3 灯光设计

①设置环境光，模拟天空光颜色，具体设置数值如图 6-1-94、图 6-1-95 所示。

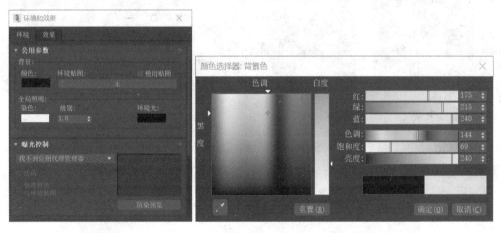

图 6-1-94   图 6-1-95

②设置场景主光源，模拟黄昏时太阳光效果。在灯光列表中选择【目标平行光】，如图 6-1-96 所示。在各视图中调整灯光具体位置，如图 6-1-97 所示。

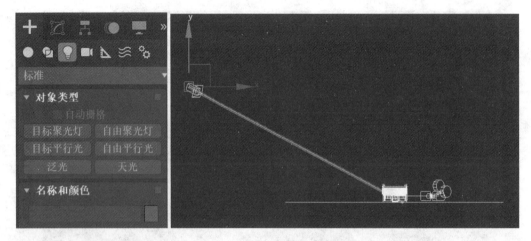

图 6-1-96   图 6-1-97

③设置主光源的各项参数设置如图 6-1-98、6-1-99 所示。

 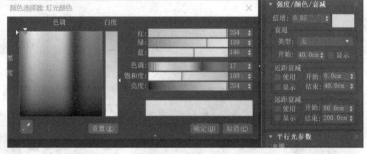

图 6-1-98   图 6-1-99

④选择摄像机视图，点击键盘 F9 键，进行渲染，观察渲染结果，如图 6-1-100 所示。从渲染结果可以看到建筑受到光线照射后，反映出明暗对比变化。

图 6-1-100

⑤继续制作辅助光，对阴影区光线颜色进行调整。在顶视图制作一盏目标平行光，在顶视图和前视图调整位置，如图 6-1-101 所示。对辅助光进行各项参数设置，参数具体设置如图 6-1-102 所示。

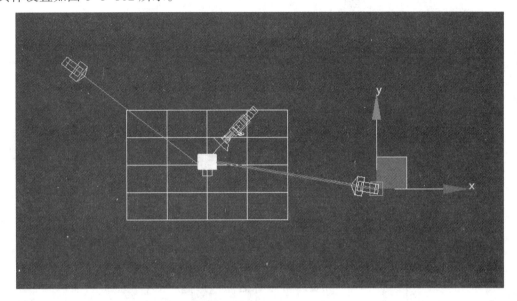

图 6-1-101

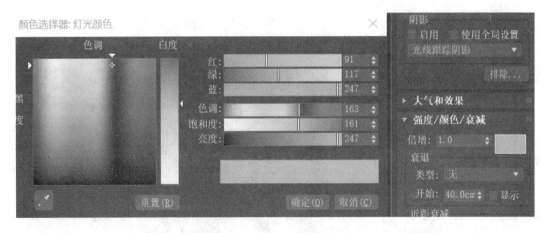

图 6-1-102

⑥最终渲染结果如图 6-1-103 所示。

图 6-1-103

6.1.3 中式传统建筑材质设计

6.1.3.1 制作柱体材质

①单击键盘上 M 键，弹出材质编辑器对话框，选择 VRay 类型材质编辑器。点选物体名称旁的渲染器选择按钮，在弹出的对话框中选择【VRayMtl】材质类型，如图 6-1-104 所示。

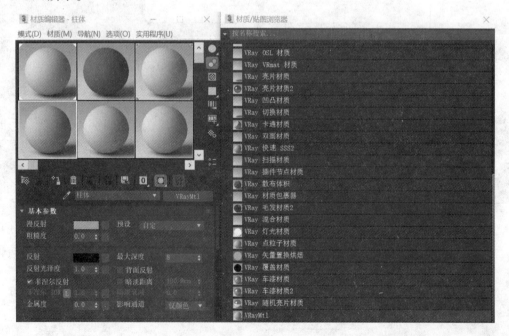

图 6-1-104

②点击【漫反射】旁边的灰色按钮，选择材质贴图浏览器中的【位图】命令，在弹出的对话框中选择木纹 1 贴图。继续在该贴图的贴图卷展栏中将该贴图复制到凹凸按钮上，该柱体为木制材质，反射值较低，表面略微有凹凸效果，如图 6-1-105、图 6-1-106 所示。

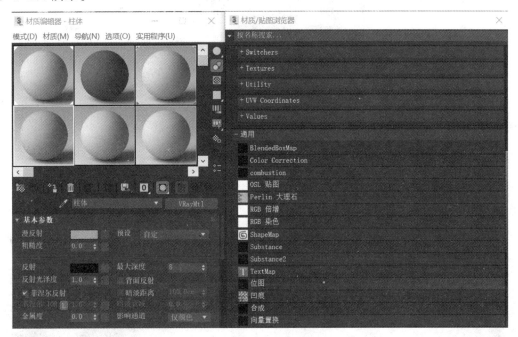

图 6-1-105

图 6-1-106

③该物体材质效果如图 6-1-107 所示。

图 6-1-107

④在视图中选中所有的柱体，在可编辑多边形控制面板下选择元素，并点击分离命令，分离柱体和柱基，如图 6-1-108 所示。

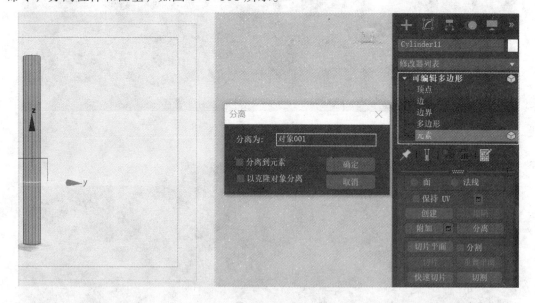

图 6-1-108

⑤将材质赋予场景中所有柱体模型，同时给予该模型 UVW 贴图命令，设置贴图类型为柱体，具体参数设置如图 6-1-109 所示，最终材质效果如图 6-1-110 所示。

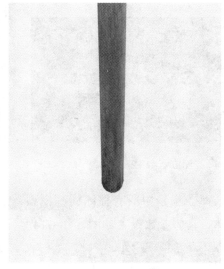

| 图 6-1-109 | 图 6-1-110 |

6.1.3.2 制作柱基材质

①制作柱基石材材质，选择 VRay 类型材质编辑器，点击【漫反射】旁边的灰色按钮，选择材质贴图浏览器中的【位图】命令，在弹出的对话框中选择石材贴图，如图 6-1-111 所示。反射光泽度为 0.6，将菲涅尔反射勾掉，并将凹凸值改为 60，如图 6-1-112、6-1-113 所示。

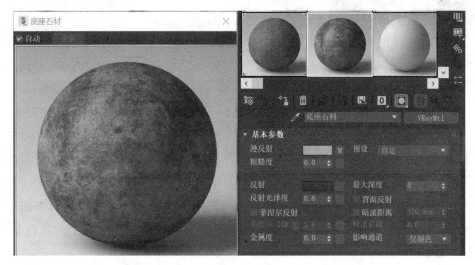

图 6-1-111

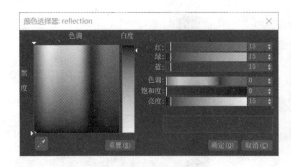

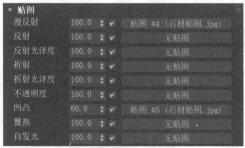

图 6-1-112

图 6-1-113

②将材质赋予场景中所有柱体柱基模型，给予该模型 UVW 贴图命令，设置贴图类型为长方体，具体参数设置如图 6-1-114 所示，最终材质效果如图 6-1-115 所示。

图 6-1-114

图 6-1-115

6.1.3.3 制作走兽队伍材质

①制作走兽队伍材质，将如图 6-1-116 中红色部分选中，点选可编辑多边形编辑器的次对象面，将其逐个分离出来。选择 VRay 类型材质编辑器，点击【漫反射】旁边的灰色按钮，选择材质贴图浏览器中的【位图】命令，在弹出的对话框中选择走兽队伍模型，并赋予该模型 UVW 贴图命令，设置贴图类型为平面，如图 6-1-117 所示。

图 6-1-116

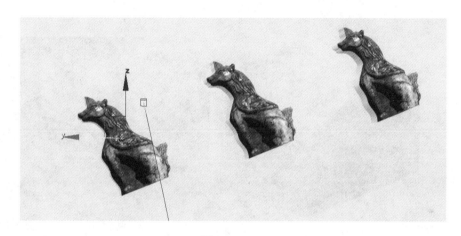

图 6-1-117

②按照上一步的操作，将其它部分赋予石材材质，最终效果如图 6-1-118 所示。

图 6-1-118

6.1.3.4 制作踏、副子、陡板石材质

按照上述讲解的几种材质的制作方法，将踏、副子、陡板石模型的材质依次制作完成，注意根据模型每个构建的结构，选择合适的 UVW 贴图类型十分重要，如图6-1-119、6-1-120、6-1-121 所示。

图 6-1-119

图 6-1-120

图 6-1-121

6.1.4 渲染器最终设置

①首先将输出尺寸设置为宽度 2000、高度 1500、图像纵横比为 1.3333 的渲染尺寸，在 VRay 渲染器中将【全局开关】卷展栏中材质的【隐藏灯光】属性取消勾选，【图像过滤器】卷展栏中选择【Catmull-Rom】模式，该模式具有明显锐化边缘的效果，能够提升画面的清晰度，如图 6-1-122、6-1-123 所示。

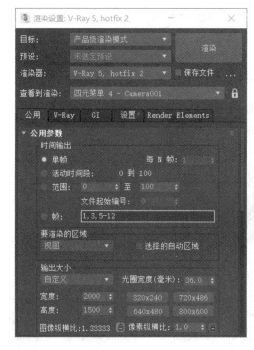

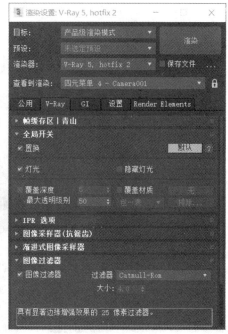

图 6-1-122   图 6-1-123

②将【颜色映射】类型改为指数，确保场景避免曝光现象，继续在【发光贴图】卷展栏中将【当前预置】改为【高】，将【半球细分】和【差值采样值】改为50，【灯光缓存】卷展栏中【细分】改为2000。渲染最终图像运算时间较长，需要耐心等待，当最终图像渲染完成后，点击保存按钮对图像进行保存，图像类型保存为【TGA】格式，如图 6-1-124、6-1-125 所示。

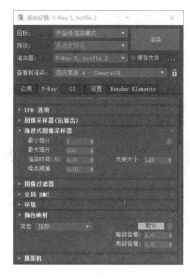

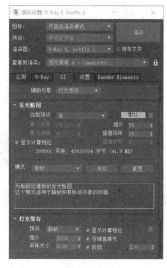

图 6-1-124   图 6-1-125

③最终该中式建筑三维模型仿真效果，如图 6-1-126 所示。

图 6-1-126

6.2 案例 2 智能手机三维仿真模型设计

任务内容：设计制作完成智能手机三维仿真设计。

任务目标：1. 掌握智能手机的建模流程。

2. 具备模型的空间构架与整合能力。

3. 掌握完成相关材质的编辑和设计工作。

任务要求：1. 建模思路清晰明确有序。

2. 智能手机模型尺寸精准。

3. 模型材质 UVW 贴图绑定准确

4. 渲染器设置合理

6.2.1 智能手机模型设计

6.2.1.1 智能手机边框模型设计

①在【创建面板】中的【对象类型】选择【矩形】，创建一个长方体，设置长度为 158.2mm，宽度为 77.9mm，具体参数如图 6-2-1、6-2-2 所示。

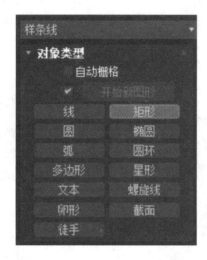

图 6-2-1   图 6-2-2

②在【创建面板】中的【对象类型】选择【弧】，根据顶点创建弧线，具体效果如图 6-2-3、6-2-4 所示。

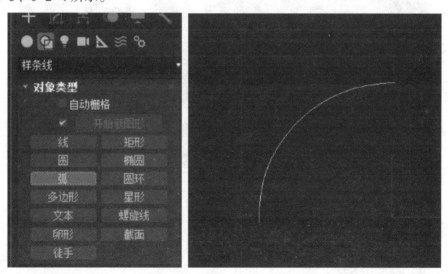

图 6-2-3   图 6-2-4

③在【修改面板】中设置【角半径】参数，使其与之前画好的弧线进行调整，最终参数如图 6-2-5 所示。另外，在空白处创建一个新的矩形作为参照，具体参数如图 6-2-6 所示。

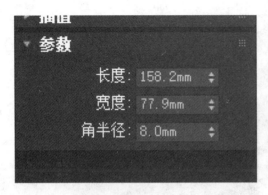

图 6-2-5 图 6-2-6

④在【创建面板】中的【对象类型】选择【弧】，依据上一步创建的矩形，创建一个新的弧线，并创建一条线将两端连接，具体效果如图 6-2-7、图 6-2-8 所示。

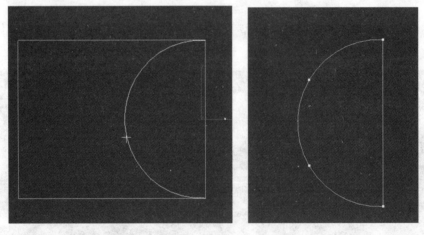

图 6-2-7 图 6-2-8

⑤点击圆弧，在【创建面板】的【对象类型】中选择【放样】，在下方【创建方法】中点击【获取路径】按钮，再点击之前做好的矩形（默认名称为 Rectangle001），效果如图 6-2-9、6-2-10 所示。

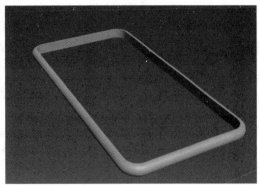

图 6-2-9　　　　　　　　　　　　　图 6-2-10

⑥在【修改面板】中【蒙皮参数】修改【图形步数】以及【路径步数】参数，让模型更加圆滑，具体参数如图 6-2-11 所示。继续选择在【创建面板】中选择【圆】以及【矩形】，创建如图 6-2-12 图形。

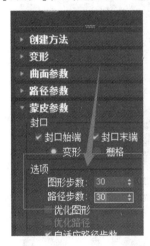

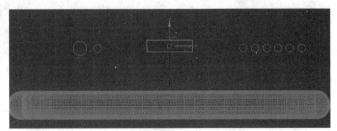

图 6-2-11　　　　　　　　　　　　　图 6-2-12

⑦将图 6-2-12 中的矩形右键【转换为可编辑样条线】，并且将两侧的边删除，再在【修改面板】创建【弧】造型，将两边封上进行【附加】操作，并进行【焊接】使其成为一个整体，具体效果如图 6-2-13 所示。

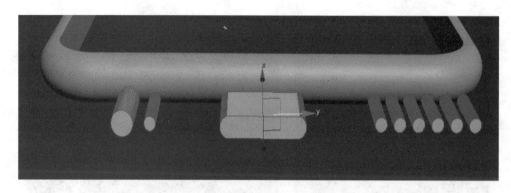

图 6-2-13

⑧将上一步的两个物体按照如图 6-2-14 所示位置摆好后，在【创建面板】中的【复合对象】选择【布尔】操作，选择差集类型，最终效果如图 6-2-15 所示。

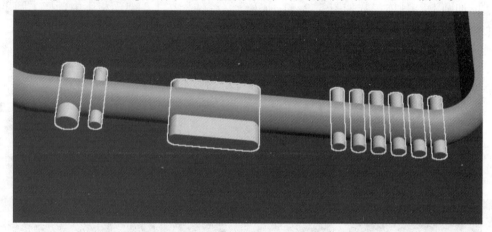

图 6-2-14

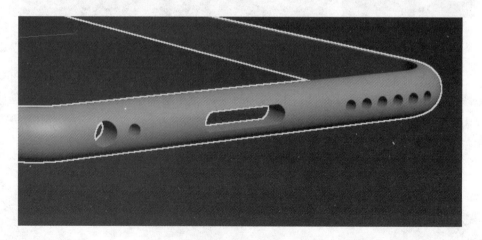

图 6-2-15

⑨创建一个圆形，并将其【转换为可编辑样条线】，在【选择】中点击【样条线】工具。在【几何体】控制面板中点击【轮廓】命令，再进行【挤出】操作，如图6-2-16所示。选择该圆柱体，点击修改器列表中的【FFD4x4x4】命令，选择其子菜单【控制点】，调整位置，让其与孔洞重合，效果如图6-2-17所示。

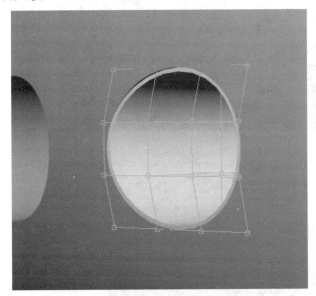

图6-2-16

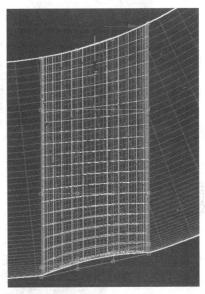

图6-2-17

⑩将所有孔洞按照上一步步骤制作，最终效果如图6-2-18所示。

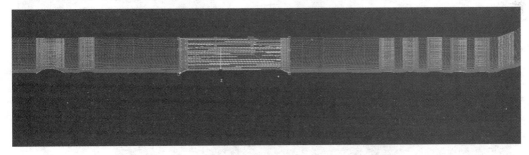

图6-2-18

⑪创建一个新的矩形，点击【shift】键复制一个，并且再创建一个圆形，让二者在顶视图重叠（若顶视图为Z轴，则Z轴数值相等）。点击右键【转换为可编辑样条线】，将两者附加在一起。之后进行【挤出】操作，放置到相对应位置，并按【shift】多复制几份，如图6-2-19、图6-2-20所示。

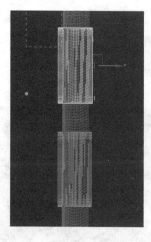

图 6-2-19

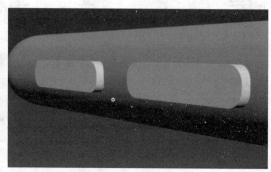

图 6-2-20

⑫ 对上一步所创建的几何体进行【布尔】命令操作，最终效果如图 6-2-21 所示。

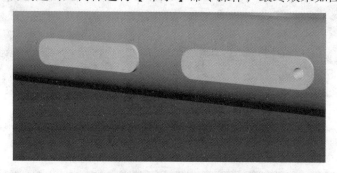

图 6-2-21

⑬ 将几何体右键【转换为可编辑多边形】，在【编辑几何体】中点击【倒角】操作，最终效果如图 6-2-22 所示。

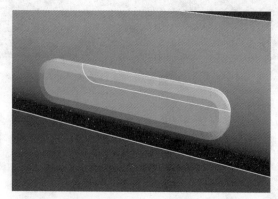

图 6-2-22

6.2.1.2 手机屏幕和后壳模型设计

①在【创建面板】中创建【矩形】与【圆】，将其制作成手机屏幕样式，具体效果如图 6-2-23 所示。右键点击【转换为可编辑样条线】，将所有样条线附加至一起，进行【挤出】操作，最终效果如图 6-2-24 所示。

图 6-2-23   图 6-2-24

②在【创建面板】中创建【矩形】，作为手机屏幕，放置到相对应位置，并进行【挤出】操作，最终效果如图 6-2-25 所示。在【创建面板】中创建【管状体】物体，放置到下方按钮之上，右键【转换为可编辑多边形】，选择如图 6-2-26 所示的边，在【选择】界面中点击【环形】，右键【连接】操作，连接一条线。进行【挤出】操作，具体参数以及最终效果如图 6-2-27、6-2-28 所示。

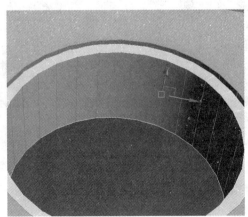

图 6-2-25   图 6-2-26

图 6-2-27 图 6-2-28

③在【创建面板】中创建一个【矩形】作为手机的背面，之后创建【圆】作为手机摄像头，效果如图 6-2-29 所示。点击右键【转换为可编辑样条线】，将所有样条线附加至一起，进行【挤出】操作。最终效果如图 6-2-30 所示。

图 6-2-29 图 6-2-30

④在【创建面板】中创建一个【管状体】，右键【转换为可编辑多边形】，在【选择】中点击【多边形】，点击上方的所有面，点击【选择并均匀缩放】。向内缩放，最终效果如图 6-2-31 所示。创建一个【圆柱体】，将其放在合适的位置，作为其摄像头。具体效果如图 6-2-32 所示。

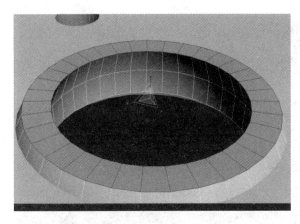
图 6-2-31

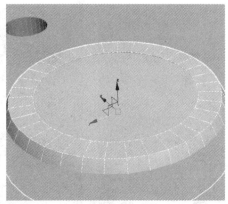
图 6-2-32

⑤按此方法，将几何体复制至其他孔洞中，并将做好的手机背面放置到对应位置，最终效果如图 6-2-33 所示。

图 6-2-33

6.2.2　灯光及渲染器设置

①将场景中的手机模型和底座模型物体全部选中，在【对象颜色】对话框中选择白色，全部赋予白颜色。设置场景主光源，在灯光列表中选择【VRay 太阳光】，将【灯光强度】倍增设置为 0.05，【过滤颜色】为淡蓝色，如图 6-2-34 所示。在前视图及顶视图调整该灯光的具体位置，如图 6-2-35 所示。

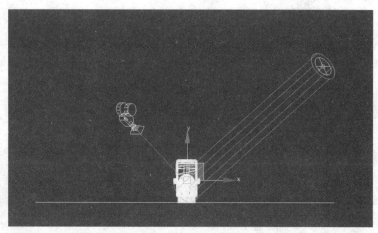

图 6-2-34   图 6-2-35

②将默认渲染器设置为 VRay 渲染器，在【渲染】菜单下【渲染器】的产品级列表选择按钮中选择 V-ray 5 渲染器，在主菜单栏中选择【渲染】菜单下的【渲染设置】，在【渲染设置】中将【输出大小】的宽度值设置为 640，高度值设置为 400，并且锁定图像纵横比为 1.6，如图 6-2-36 所示。在【GI】菜单栏下的【全局照明】卷展栏中，勾选【启用 GI】按钮，【发光贴图】卷展栏中，更改【当前预置】为【低】，勾选【显示计算相位】，如图 6-2-37 所示。

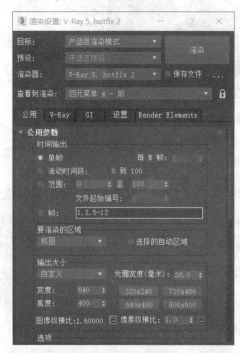

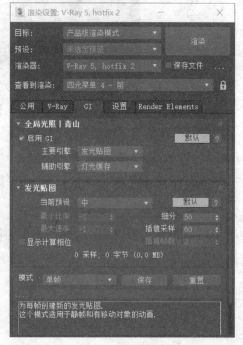

图 6-2-36   图 6-2-37

③选择摄像机视图，进行渲染，观察渲染结果，如图 6-2-38 所示。

图 6-2-38

6.2.3　材质设计

6.2.3.1　亚光金属边框材质

①单击键盘上 M 键，弹出材质编辑器对话框，选择 VRay 类型材质编辑器，点选【反射】旁的灰色按钮，在弹出对话框中将红、绿、蓝的数值都调节为 50。将【反射光泽度】调节为 0.75，如图 6-2-39 所示。

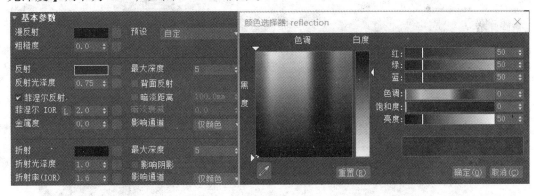

图 6-2-39

②最终该材质效果，如图 6-2-40、6-2-41 所示。

图 6-2-40   图 6-2-41

6.2.3.2　正面玻璃材质

①单击键盘上 M 键，弹出材质编辑器对话框，选择 VRay 类型材质编辑器，点选【反射】旁的灰色按钮，在弹出对话框中将红、绿、蓝的数值都调节为 200。将【反射光泽度】调节为 1.0，勾选【菲涅尔反射】调节值为 1.6，如图 6-2-42 所示。

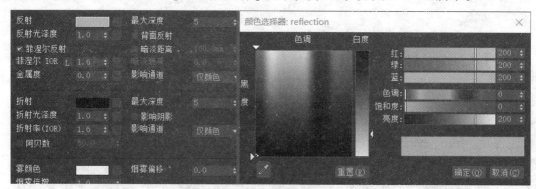

图 6-2-42

②最终该材质效果，如图 6-2-43、6-2-44 所示。

图 6-2-43   图 6-2-44

6.2.3.3 正面屏幕材质

①点击【漫反射】旁边的灰色按钮，选择材质贴图浏览器中的【位图】命令，在弹出的对话框中选择一张屏幕界面贴图，并在【漫反射贴图】菜单栏中，将【坐标】卷展栏下的【模糊】值设置为0.3，提高屏幕清晰度。将【输出】卷展栏下【输出量】设置为1.2，提高屏幕材质的亮度值，如图6-2-45、6-2-46所示。

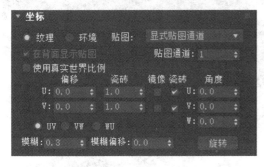

图 6-2-45

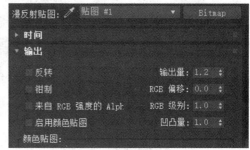

图 6-2-46

②最终该材质效果，如图6-2-47、6-2-48所示。

图 6-2-47

图 6-2-48

6.2.3.4 按钮边框材质

①单击键盘上M键，弹出材质编辑器对话框，选择VRay类型材质编辑器，点选【反射】旁的灰色按钮，在弹出对话框中将红、绿、蓝的数值都调节为80，【反射光泽度】为0.85。将【反射光泽度】调节为1.0，勾选【菲涅尔反射】调节值为10，如图6-2-49所示。

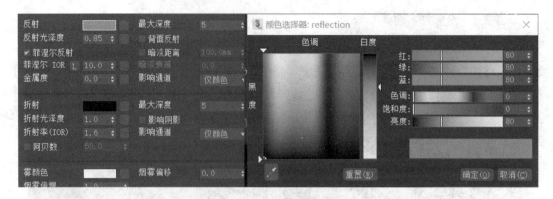

图 6-2-49

②最终该材质效果，如图 6-2-50、6-2-51 所示。

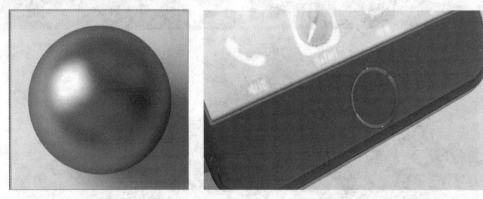

图 6-2-50   图 6-2-51

6.2.4 渲染设计

①首先将输出尺寸设置为宽度 2000、高度 1500、图像纵横比为 1.6 的渲染尺寸，在 VRay 渲染器中将【全局开关】卷展栏中材质的【隐藏灯光】属性取消勾选，【图像过滤器】卷展栏中选择【Mitchell-Netravali】模式，该模式可以提高图像的饱和度，如图 6-2-52、6-2-53 所示。

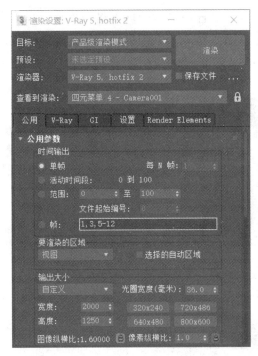

图 6-2-52

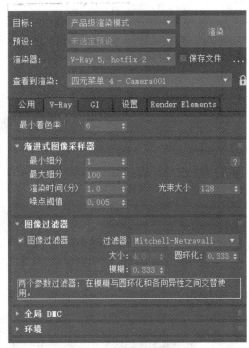

图 6-2-53

②将【颜色映射】类型改为指数，确保场景避免曝光现象，继续在【发光贴图】卷展栏中将【当前预置】改为【高】，将【细分】值改为85，【差值采样】值改为65。将【灯光缓存】卷展栏中【细分】改为2000，细分模型细节，如图 6-2-54 、6-2-55 所示。

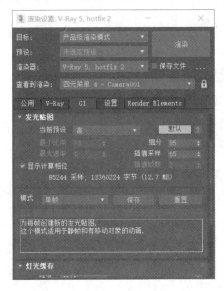

图 6-2-54

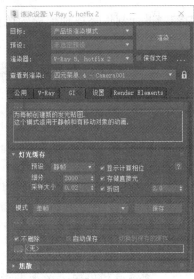

图 6-2-55

③渲染最终图像运算时间较长，需要耐心等待，当最终图像渲染完成后，点击保存按钮对图像进行保存，图像类型保存为【TGA】格式，方便后期使用，最终渲染效果如图 6-2-56 所示。

图 6-2-56

6.3 案例 3 现代简约风格室内设计案例实训

任务内容：设计制作完成现代简约风格的客厅场景。

任务目标：1. 掌握室内效果图的制作流程。

2. 运用 VRay 材质的参数设置方法。

3. VRay 灯光和光度学灯光的应用。

4. 学习如何在场景中合并各类模型。

任务要求：1. 渲染器的参数设计完整、合理。

2. 室内结构模型尺寸精准。

3. 各类灯光补光合理，运用得当。

6.3.1 室内场景模型设计

6.3.1.1 室内结构模型设计

①首先进行系统单位设置。单击菜单栏中的【自定义】→【单位设置】命令，弹出【单位设置】对话框，单击【系统单位设置】按钮，在弹出的【系统单位设置】对

话框中将单位设置为【毫米】，如图 6-3-1 所示。

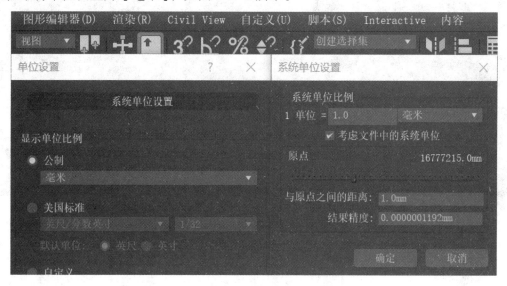

图 6-3-1

②根据所提供的室内 CAD 平面图纸，利用样条线工具，在顶视图制作室内所有结构墙体，如图所示。依次选中每一个闭合的样条线，并在修改器列表中添加【挤出】命令操作，高度均设置为 2800mm，完成室内墙体的立面结构制作，如图 6-3-2、6-3-3 所示。

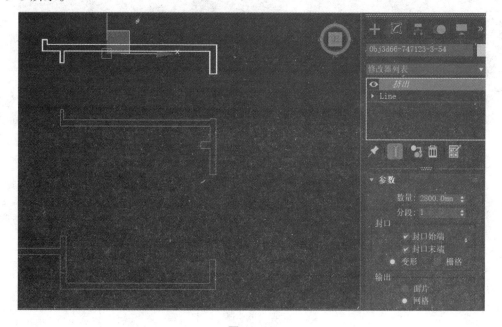

图 6-3-2

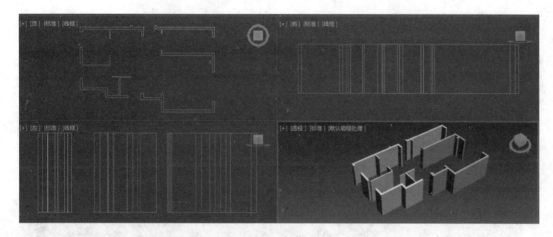

图 6-3-3

③制作客厅吊顶模型。鼠标左击主工具栏中【角度捕捉开关】下的按钮,右击打开【栅格与捕捉设置】中的【栅格点】、【顶点】、【端点】按钮,如图所示。单击【创建】命令面板中的【样条线】图形创建列表中的【线】按钮,在顶视图中创建多个闭合样条线,并且附加在一起,如图 6-3-4、6-3-5 所示。

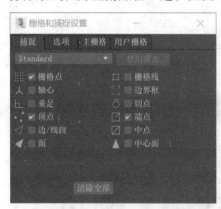

图 6-3-4

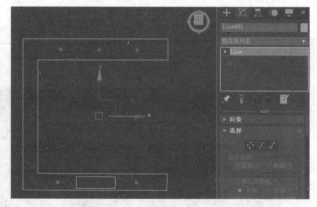

图 6-3-5

④按照上一步的操作步骤,将中间圆形造型也制作出来。点击前视图,为新建的样条线添加【挤出】命令,【挤出】参数设置为 300mm,如图 6-3-6 所示。

图 6-3-6

⑤继续制作空调出风口，单击【创建】命令面板中的【样条线】图形创建列表中的【矩形】按钮，在顶视图中创建一个矩形，设置矩形各项参数，随后将其转化为【可编辑样条线】，点击键盘上的数字键3，进入【样条线】子层级，在【几何体】卷展栏中将【轮廓】值设为30，给矩形一个内置的轮廓，并将该矩形框添加【挤出】命令，【挤出】参数设置为50mm，如图 6-3-7、6-3-8 所示。

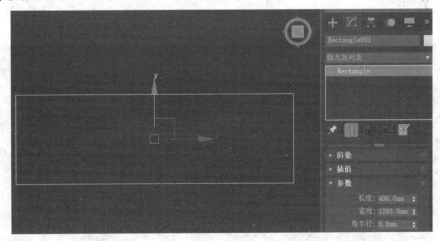

图 6-3-7

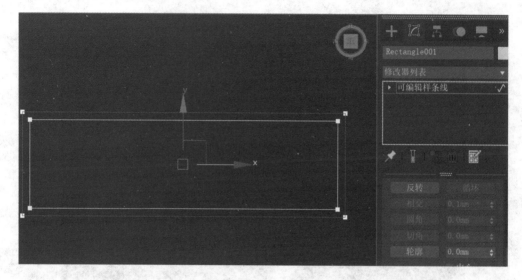

图 6-3-8

⑥单击【创建】命令面板中的【样条线】图形创建列表中的【矩形】按钮，在顶视图中创建多个矩形，具体数值如图所示。点选刚才创建的任意一个矩形，在按住 shift 键的同时，向下复制，弹出【克隆选项】对话框，复制副本数为 14，即复制出多个矩形，同时将所有矩形框转换为可编辑曲线。点选任意一个矩形框，单击【几何体】命令卷展栏中的【附加多个】按钮，弹出【附加多个】对话框，按住 shift 全选所有矩形，点击【附件】按钮，完成操作，并为其添加【挤出】命令，【挤出】参数设置为 50mm，如图所示。按照此类制作方法，制作空调出风口横向矩形条，如图 6-3-9、6-3-10。

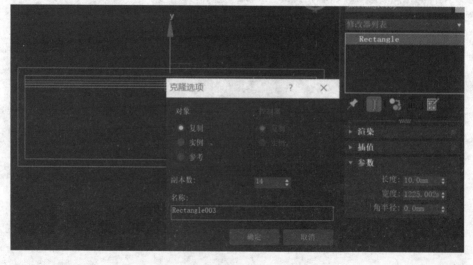

图 6-3-9

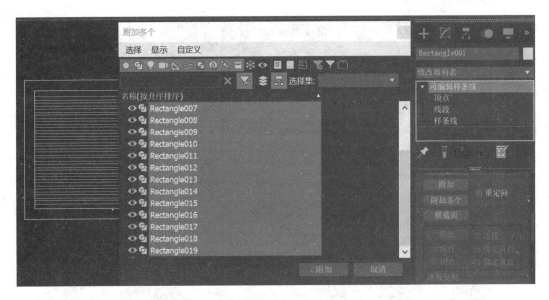

图 6-3-10

⑦最后空调出风口模型，如图 6-3-11 所示。

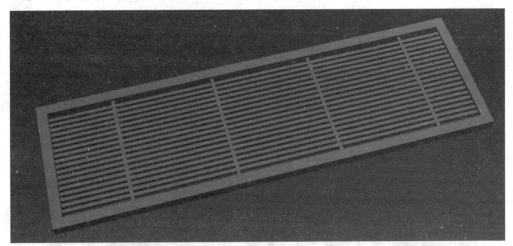

图 6-3-11

⑧吊顶筒灯模型的制作方法与空调出风口类似，在这里不再赘述，最终吊顶整体模型效果如图 6-3-12 所示。

图 6-3-12

⑨窗户的制作方法，可以参照本书第二章中窗户模型案例的讲解，本案例窗户造型，如图 6-3-13 所示。

图 6-3-13

6.3.1.2 地面和屋顶模型设计

①单击【创建】命令面板中的【样条线】图形创建列表中的【矩形】按钮,在顶视图中创建一个矩形,具体数值如图 6-3-14 所示。

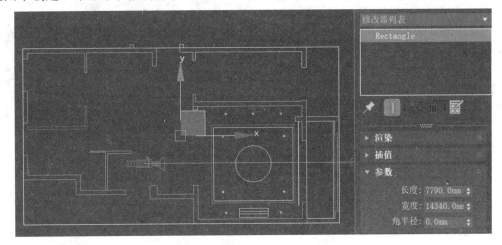

图 6-3-14

②继续并为其添加【挤出】命令,【挤出】参数设置为 100mm,并且沿 Z 轴再复制一个,分别作为顶面和地面,如图 6-3-15、6-3-16 所示。

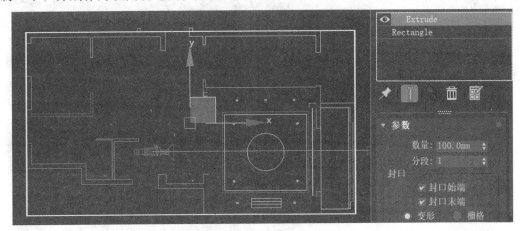

图 6-3-15

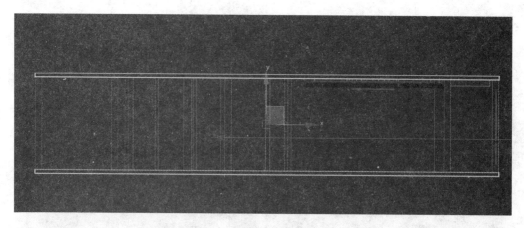

图 6-3-16

6.3.2　渲染器及灯光设计

6.3.2.1　摄像机设置

①设置摄像机位置，在顶视图创建摄像机的位置，选择目标摄像机，调节摄像机在顶视图和前视图的位置，如图 6-3-17、6-3-18 所示。

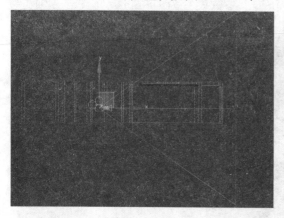

图 6-3-17

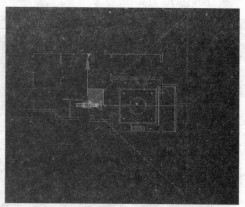

图 6-3-18

②将透视图点选键盘 C 键切换为摄像机视图，摄像机【参数】中调节镜头数值为 20mm，最后右键摄像机机身，在弹出的菜单中选择【应用摄像机校正修改器】，如图 6-3-19、6-3-20 所示。

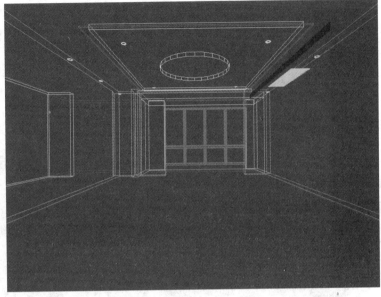

图 6-3-19　　　　　　　　　　　　　图 6-3-20

6.3.2.2　渲染器初步设置

①在主菜单栏中选择【渲染】菜单下的【渲染设置】，在【渲染设置】中将【输出大小】的宽度值设置为 640，高度值设置为 480，并且锁定图像纵横比为 1.3333。在【渲染】菜单下【渲染器】的产品级列表选择按钮中选择 V-ray 5 渲染器，如图 6-3-21 所示。

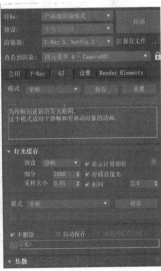

图 6-3-21　　　　　　　　图 6-3-22　　　　　　　　图 6-3-23

②在 vray 渲染器中的【VR 基项】卷展栏中，取消勾选【隐藏灯光】选项，在【GI】菜单栏下的【全局照明】卷展栏中，勾选【启用 GI】按钮，【发光贴图】卷展栏中，更改【当前预置】为【低】，勾选选项命令框下的【显示计算过程】选项，如图 6-3-22 所示。在【灯光缓存】卷展栏中，更改【细分】为【1000】，勾选选项命令框下的【显示计算相位】选项，如图 6-3-23 所示。

6.3.2.3 灯光设计

①设置场景主光源，模拟清晨时太阳光效果。在灯光列表中选择【VRay】灯光，在顶视图和前视图调整灯光具体位置，在【太阳参数】里将强度倍增值设置为 1.0，过滤颜色为淡黄色，如图 6-3-24、6-3-25 所示。

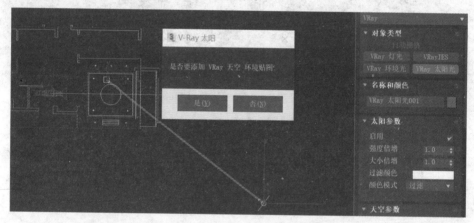

图 6-3-24

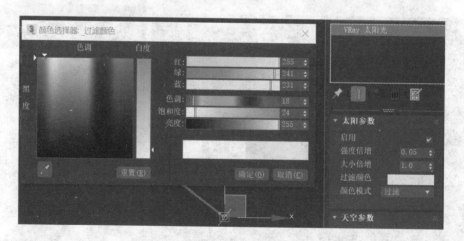

图 6-3-25

②将场景中除摄像机以外的物体全部选中，在【对象颜色】对话框中选择白色，全部赋予白颜色，在【渲染设置】中将【GI 环境】勾选，颜色设置为如图 6-3-26 所

示的颜色，为场景设计环境光，并且渲染草图，得到如图6-3-27所示的清晨光照效果。

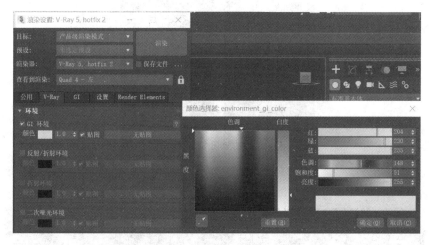

图 6-3-26

图 6-3-27

③设计制作辅助场景辅助灯光，在灯光列表中选择【VRay灯光】，设置【颜色】为淡蓝色，【倍增】值为3.0，并勾选【不可见】，如图6-3-28、6-3-29所示。制作该场景辅助灯光，可以提高场景近处的光照亮度，调节该光板在顶视图和左视图的具体位置，如图6-3-30、6-3-31所示。

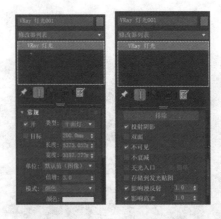

图 6-3-28　　　图 6-3-29

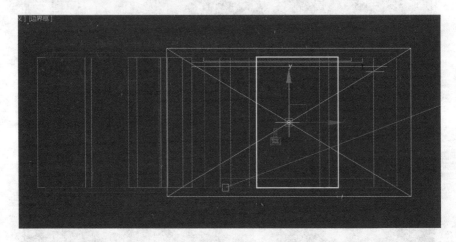

图 6-3-30

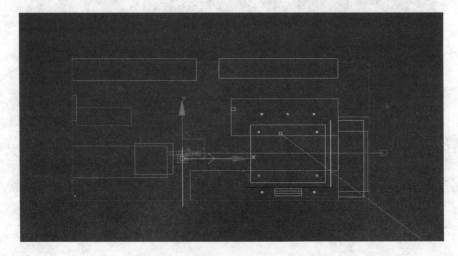

图 6-3-31

④辅助灯光设置好以后，点击 F9 渲染透视图，屋内光线明显更加通透，如图 6-3-32 所示。

图 6-3-32

⑤制作吊顶辅助灯光，单击【创建】命令面板中的【样条线】图形创建列表中的【圆】按钮，在顶视图中创建一个圆形，具体数值如图 6-3-33 所示。

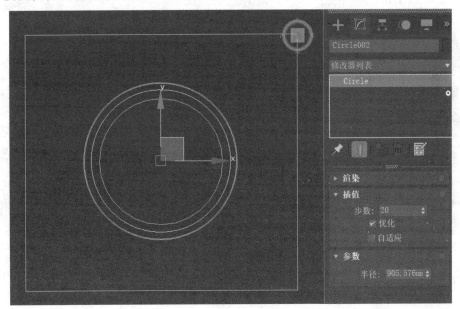

图 6-3-33

⑥在灯光列表中选择【VRay 灯光】，设置【颜色】为橙黄色，【倍增】值为 3.0，并勾选【不可见】，在主菜单中执行【工具】下拉菜单中的【对齐】工具类型中的【间

隔工具】命令，在弹出的对话框中，单击【拾取路径】按钮，在场景中拾取圆形，然后在"计数"文本框中输入复制的个数为 32 个，勾选【前后关系】中的【跟随】，使对象物体适配圆形路径，最后单击【应用】按钮，完成间隔操作，如图 6-3-34 所示。

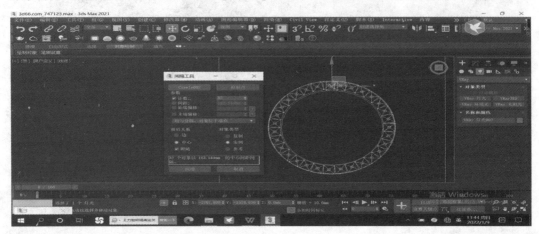

图 6-3-34

⑦选择刚才制作好的圆环 VRay 灯光，执行主工具栏【镜像】命令，在弹出的对话框中，勾选【镜像轴】Y，将所有灯光箭头向上，即灯光向上照射，并移动到如图 6-3-35 所示的位置，渲染查看灯光效果，如图 6-3-36 所示。

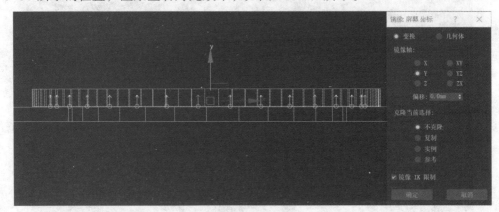

图 6-3-35

图 6-3-36

⑧继续制作吊顶灯带效果，在灯光列表中选择【VRay 灯光】，新建四个 VRay 灯光光板，设置【颜色】为橙黄色，【倍增】值为 3.0，并勾选【不可见】，放置在如图 6-3-37、6-3-38 所示的位置。

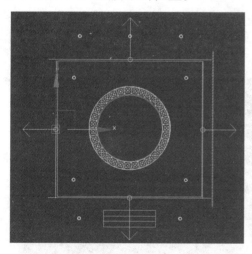

图 6-3-37

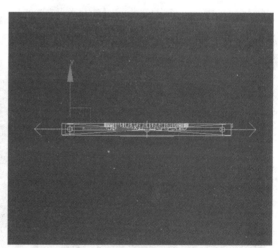

图 6-3-38

⑨点击 F9 渲染透视图，观察灯带发光效果，如图 6-3-39 所示。

3ds Max 三维模型设计与制作实用教程

图 6-3-39

⑩继续制作牛眼灯发光效果，选择牛眼灯模型，按键盘 Alt+Q 键，在场景中孤立该物体，在灯光列表中选择【VRay 灯光】，新建 1 个 VRay 灯光光板，在【常规】设置中，将光板【颜色】设置为白色，【倍增】强度值为 3.0，在【选项】列表中取消勾选【不可见】，使光板自发光，并放置在如图 6-3-40、6-3-41、6-3-42 所示的位置。

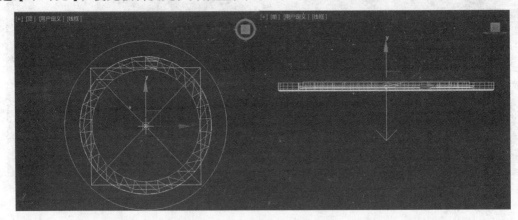

图 6-3-40

206

图 6-3-41　　　　　　　　　图 6-3-42

⑪ 按照此方法，在顶视图复制该 VRay 灯光光板至其他牛眼灯中，最终效果如图 6-3-43、图 6-3-44、图 6-3-45 所示。

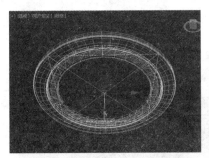

图 6-3-43　　　　　　　　　图 6-3-44

图 6-3-45

⑫ 继续制作筒灯在墙面的灯光映射效果。在灯光列表中选择【VRay】灯光，在【对象类型】中选择【VRayIES】，给【VRayIES 参数】中【IES 文件】添加 IES 文件，将灯光颜色改为浅黄色，灯光强度值改为 1350。在顶视图将该 VRayIES 灯光移动到如

图 6-3-46、6-3-47 所示的位置，模拟筒灯在墙面的散射效果。

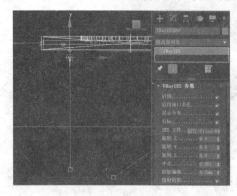
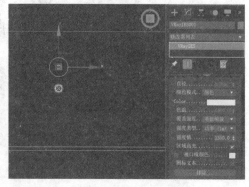

图 6-3-46   图 6-3-47

⑬ 按照场景筒灯所处位置，依次复制刚才做好的 VRayIES 灯光，并测试场景整体灯光是否有曝光的情况，如图 6-3-48、6-3-49 所示。

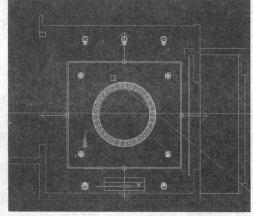

图 6-3-48   图 6-3-49

⑭ 筒灯的照明效果，如图 6-3-50 所示。

图 6-3-50

6.3.3　室内场景材质

6.3.3.1　外景材质

①在【创建】面板中，点击创建对象【几何体】中的【标准几何体】，在类别中选择【平面】。在左视图中，设置一个平面物体，并将其放置到合适的位置，如图 6-3-51、6-3-52 所示。

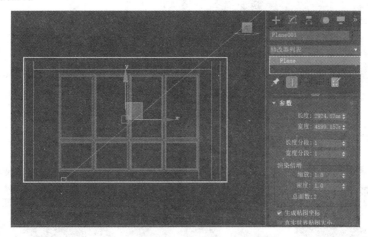

图 6-3-51

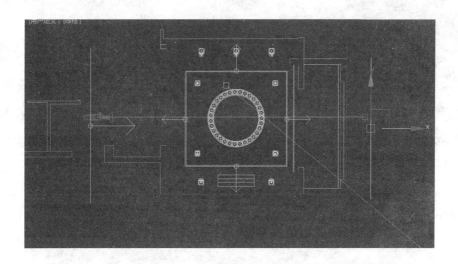

图 6-3-52

②选择该平面物体，按键盘 Alt+Q 键，在场景中孤立该物体，单击键盘上 M 键，弹出材质编辑器对话框，选择 VRay 灯光材质类型编辑器，将【参数】卷展栏中的曝光强度值设为 2，为旁边的贴图通道添加一张风景贴图，并为该平面物体添加 UVW 贴图命令，绑定贴图，如图 6-3-53 所示。

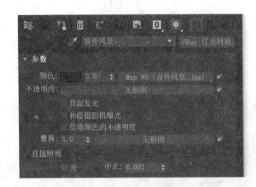

图 6-3-53

③选择该平面物体，点击鼠标右键，选择菜单栏中的【对象属性】命令，在弹出的对话框中取消勾选【接受阴影】和【投射阴影】，使该平面物体不遮挡主光源，即主光源的光线穿透该平面，如图 6-3-54、6-3-55、6-3-56 所示。

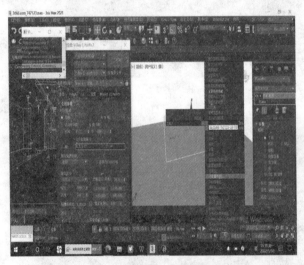

图 6-3-54   图 6-3-55

图 6-3-56

6.3.3.2 瓷砖材质

①按键盘上的 M 键弹出材质编辑器面板，设置名称为"场景瓷砖"的材质球，将该材质指定为 VRayMtl 材质类型。在【基本参数】卷展栏中，点击【漫反射】旁边的贴图通道按钮，添加一张瓷砖贴图素材，如图 6-3-57、6-3-58 所示。

图 6-3-57   图 6-3-58

②在【基本参数】卷展栏中，点击【反射】旁边的贴图通道按钮，添加【衰减】命令，将【衰减类型】设置为 Fresnel，模拟真实瓷砖材质反射状态，如图 6-3-59、6-3-60 所示。

图 6-3-59   图 6-3-60

③为地面瓷砖材质赋予 UVW 贴图命令，贴图类型设置为长方体，长度为 800mm、宽度为 800mm、高度为 800mm，最终效果如图 6-3-61 所示。

图 6-3-61

6.3.3.3 木制墙面材质

①按键盘上的 M 键弹出材质编辑器面板，设置名称为"木纹墙面"的材质球，将该材质指定为 VRayMtl 材质类型。在【基本参数】卷展栏中，点击【漫反射】旁边的灰色按钮，添加一张木纹贴图素材。在【反射】贴图通道里同样添加一张相同的木纹贴图素材，并将【反射光泽度】改为 0.55，降低木纹的放射程度，如图 6-3-62、6-3-63 所示。

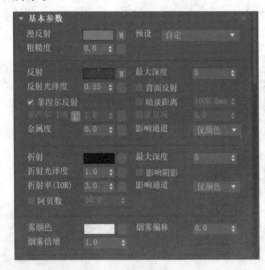

图 6-3-62

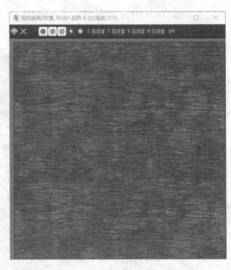

图 6-3-63

②在【贴图】卷展栏中，在【凹凸】贴图通道里添加与【反射】相同的贴图素材，如图所示，增强木纹的粗糙质感，最终效果如图 6-3-64、6-3-65 所示。

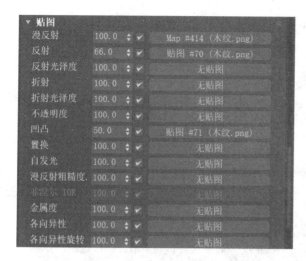

图 6-3-64

图 6-3-65

③选择电视背景墙面，进入【可编辑多边形】命令层级，选择【面】子层级，在【编辑几何体】卷展栏下，选择【分离】按钮，分离该墙面。在【凹凸】贴图通道里添加与【反射】相同的贴图素材，增强木纹的粗糙质感，最终效果如图 6-3-66 所示。

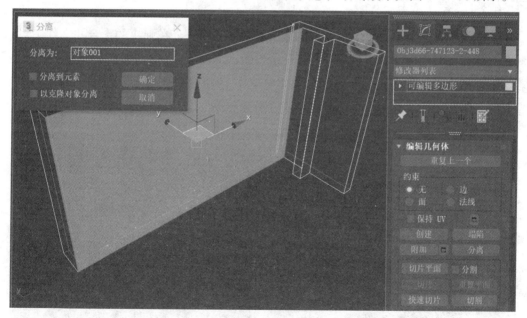

图 6-3-66

④将制作好的木墙材质赋予分离出来的墙面物体，并且在修改器列表中选择 UVW 贴图命令，贴图类型设置为长方体，长度为 600mm、宽度为 600mm、高度为 600mm，最终如图 6-3-67 所示。

图 6-3-67

6.3.4 合并素材

①执行【文件】主菜单下的【导入】复选项【合并】，在弹出的【合并文件】对话框中选择要合并的模型，然后单击【打开】按钮，如图 6-3-68 所示。在弹出的【合并】对话框中单击【全部】按钮，取消勾选【灯光】、【摄像机】选项，单击【确定】按钮完成导入模型操作，如图 6-3-69、6-3-70 所示。

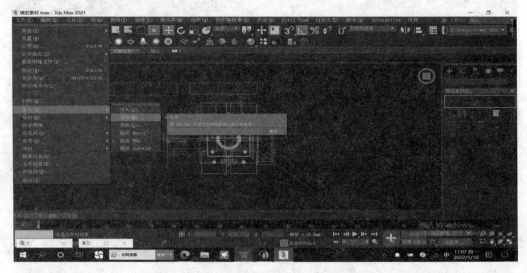

图 6-3-68

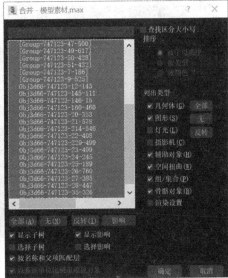

图 6-3-69   图 6-3-70

2. 如果在合并模型的过程中，有材质重名的情况，则会弹出【重复材质名称】对话框，勾选【应用于所有重复情况】复选框，单击【自动重命名合并材质】按钮，如图 6-3-71 所示。

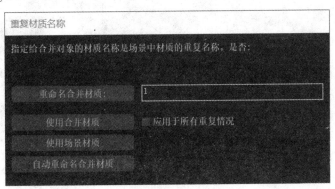

图 6-3-71

③点击主菜单栏【组】中的【组】命令，将导入的模型成组。由于合并后的模型尺寸往往与场景尺寸不匹配，需要采用【选择并均匀缩放】工具进行调整。缩放模型尽量采用输入数值的方法，即在弹出的【缩放变换输入】对话框的【偏移：屏幕】数值框里输入数值并按住Enter键。数值为100时代表不放大也不缩小，小于100即缩小，大于100即放大，如图 6-3-72、6-3-73 所示。

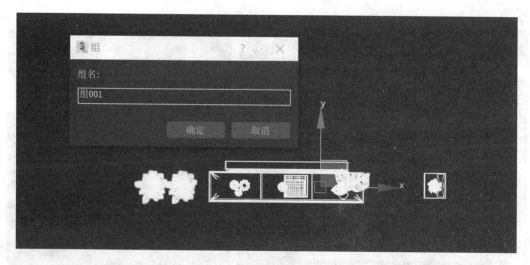

图 6-3-72

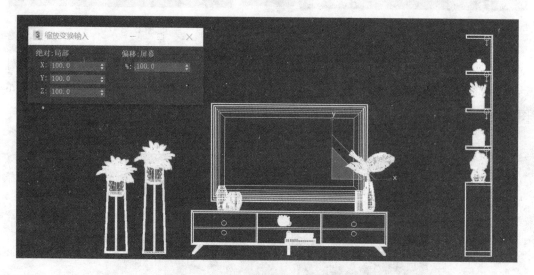

图 6-3-73

④点击键盘 F9 键，渲染场景文件，如图 6-3-74 所示。按照上述合并方法继续将其他模型素材导入到场景中来，并调节大小和位置，如图 6-3-75 所示。

图 6-3-74

图 6-3-75

6.3.5 室内场景最终渲染设置

①首先将输出尺寸设置为宽度 1500、高度 1125、图像纵横比为 1.33333 的草图渲染尺寸，在 Vray 渲染器中将【全局照明】卷展栏中材质的【反射／折射】属性勾选，【图像采样器】卷展栏中的【抗锯齿过滤器】选择为【Catmull-Rom】模式，该模式具有明显锐化边缘的效果，能够提升画面的清晰度，如图 6-3-76、6-3-77 所示。

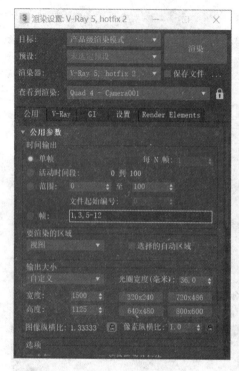

图 6-3-76　　　　　　　　　　　　图 6-3-77

②在【发光贴图】卷展栏中将【当前预置】改为【中】，将【细分】改为 50、【差值采样】改为 30，点击【发光贴图】和【灯光缓存】卷展栏下的【模式】保存按钮，保存【发光贴图 1】和【灯光缓存 1】，随后渲染场景文件，VRay 渲染器会自动保存渲染好的光子图，如图 6-3-78、图 6-3-79 所示。

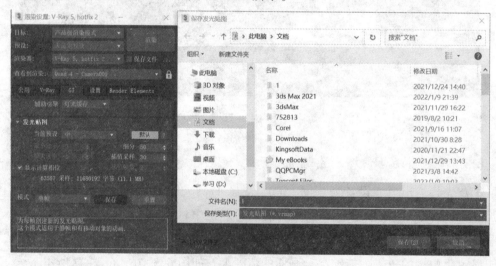

图 6-3-78

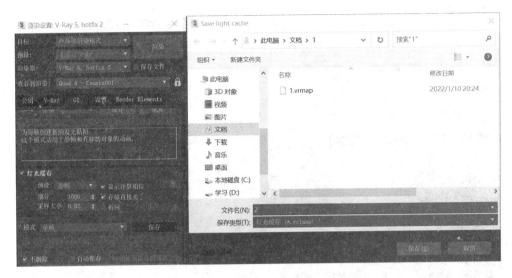

图 6-3-79

③将输出尺寸设置为宽度 3000、高度 2250、图像纵横比为 0.75 的最终渲染尺寸，在【发光贴图】卷展栏中将【当前预置】改为【高】，将【半球细分】和【差值采样值】改为 65，由于在光子图渲染设置中勾选了【渲染结束时光子图处理】中的【切换到保存的贴图】选项，VRay 渲染器会自动加载渲染好的光子图，如果没有正确加载光子图，可以手动将【光子图使用模式】列表中的模式改为【从文件】，点击【浏览】按钮调用前面制作好的光子图，如图 6-3-80、6-3-81 所示。

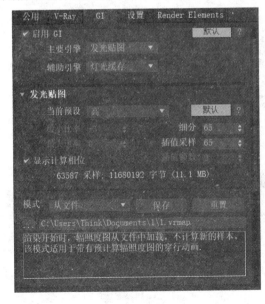

图 6-3-80

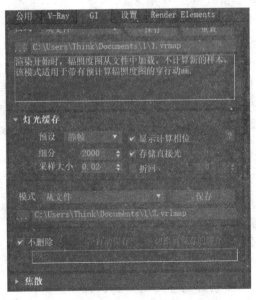

图 6-3-81

④渲染最终图像运算时间较长，需要耐心等待。当最终图像渲染完成后，点击保存按钮对图像进行保存，图像类型保存为【TGA】格式，如图 6-3-82 所示。

TGA 格式是 True Vision 公司为其显示卡开发的一种图像文件格式，最高色彩数可达 32 位。该格式已经被广泛应用于 PC 机的各个领域，现在已成为数字化图像，以及运用光线跟踪算法所产生的高质量图像的常用格式。

图 6-3-82

本章小结

本章通过不同的三维案例的实训实践学习，综合运用 3ds Max 建模、材质、灯光摄像机与布局、渲染输出的技术手段，对三维图形设计的整体流程和关键性技术有一个清晰地认识和全面的掌握，并能在以后的学习过程中加以利用，举一反三。

思考与练习

1. 室外建筑场景如何设置主光源和辅光源？

2. 如何制作室内场景中的圆形灯带？

3. 如何制作室内场景中筒灯光源？

4. 光滑的瓷砖材质的制作流程是什么？

参考文献

[1] 张泊平 . 三维数字建模技术 – 以 3ds Max 2017 为例 [M]. 北京：清华大学出版社，2019.

[2] 冯丹、杨奕、曹莹 . 3ds Max 标准教程 [M]. 北京：兵器工业出版社，2018.

[3] 时代印象 . 3ds Max2012 实用教学教程 [M]. 北京：人民邮电出版社，2017.

[4] 赵培军 . 3ds Max 三维动画设计 [M]. 北京：中国铁道出版社，2008

[5] 黄心渊，3ds Max 三维动画 [M]. 北京：高等教育出版社，2021.

[6] 耿晓武，3ds Max2021 从入门到精通 [M]. 北京：中国铁道出版社有限公司，2021.

[7] 姚勇、鄢竣，3ds Max&VRay 渲染盛宴 – 实战篇 [M]. 北京：电子工业出版社，2007.

[8] 曾筠毅、刘莉莉、谢海红，3ds Max 模型案例高级教程 [M]. 北京：中国青年出版社，2007.

[9] 郑恩峰，3ds Max&V–Ray 室内外设计实训案例教程 [M]. 合肥：安徽美术出版社，2015.

[10] 梁峙、秦晓峰，3ds Max2014 基础培训教程 [M]. 北京：人民邮电出版社，2017.